网络空间安全重点规划丛书

入侵检测与入侵防御实验指导

杨东晓　王鹏程　王剑利　编著

清华大学出版社

北京

内 容 简 介

本书为"入侵检测与入侵防御"课程的配套实验指导教材。全书分为5章,主要内容包括入侵检测与入侵防御系统的基本配置、入侵检测系统功能配置、入侵防御系统功能配置、入侵检测与入侵防御系统数据分析和综合课程设计。

本书由奇安信集团联合高校针对高校网络空间安全专业的教学规划组织编写,可作为网络空间安全、信息安全等专业"入侵检测与入侵防御"相关实验课程的教材,也可作为网络空间安全相关领域研究人员的基础读物。

图书在版编目(CIP)数据

入侵检测与入侵防御实验指导/杨东晓,王鹏程,王剑利编著.—北京:清华大学出版社,2020.8
(2023.1重印)
(网络空间安全重点规划丛书)
ISBN 978-7-302-55468-4

Ⅰ.①入…　Ⅱ.①杨…②王…③王…　Ⅲ.①计算机网络—网络安全　Ⅳ.①TP393.08

中国版本图书馆 CIP 数据核字(2020)第 086297 号

责任编辑:张　民　常建丽
封面设计:常雪影
责任校对:胡伟民
责任印制:朱雨萌

出版发行:清华大学出版社
　　　　网　　　址:http://www.tup.com.cn,http://www.wqbook.com
　　　　地　　　址:北京清华大学学研大厦 A 座　　　　邮　　编:100084
　　　　社 总 机:010-83470000　　　　　　　　　　邮　　购:010-62786544
　　　　投稿与读者服务:010-62776969,c-service@tup.tsinghua.edu.cn
　　　　质量反馈:010-62772015,zhiliang@tup.tsinghua.edu.cn
　　　　课件下载:http://www.tup.com.cn,010-83470236

印 装 者:三河市人民印务有限公司
经　　销:全国新华书店
开　　本:185mm×260mm　　　　印　　张:16.5　　　　字　　数:405 千字
版　　次:2020 年 8 月第 1 版　　　　　　　　　　　印　　次:2023 年 1 月第 4 次印刷
定　　价:49.00 元

产品编号:085247-01

网络空间安全重点规划丛书

编审委员会

出版说明

　　21世纪是信息时代,信息已成为社会发展的重要战略资源,社会的信息化已成为当今世界发展的潮流和核心,而信息安全在信息社会中将扮演极为重要的角色,它会直接关系到国家安全、企业经营和人们的日常生活。随着信息安全产业的快速发展,全球对信息安全人才的需求量不断增加,但我国目前信息安全人才极度匮乏,远远不能满足金融、商业、公安、军事和政府等部门的需求。要解决供需矛盾,必须加快信息安全人才的培养,以满足社会对信息安全人才的需求。为此,教育部继2001年批准在武汉大学开设信息安全本科专业之后,又批准了多所高等院校设立信息安全本科专业,而且许多高校和科研院所已设立了信息安全方向的具有硕士和博士学位授予权的学科点。

　　信息安全是计算机、通信、物理、数学等领域的交叉学科,对于这一新兴学科的培养模式和课程设置,各高校普遍缺乏经验,因此中国计算机学会教育专业委员会和清华大学出版社联合主办了"信息安全专业教育教学研讨会"等一系列研讨活动,并成立了"高等院校信息安全专业系列教材"编审委员会,由我国信息安全领域著名专家肖国镇教授担任编委会主任,指导"高等院校信息安全专业系列教材"的编写工作。编委会本着研究先行的指导原则,认真研讨国内外高等院校信息安全专业的教学体系和课程设置,进行了大量具有前瞻性的研究工作,而且这种研究工作将随着我国信息安全专业的发展不断深入。系列教材的作者都是既在本专业领域有深厚的学术造诣,又在教学第一线有丰富的教学经验的学者、专家。

　　该系列教材是我国第一套专门针对信息安全专业的教材,其特点是:

　　① 体系完整、结构合理、内容先进;

　　② 适应面广:能够满足信息安全、计算机、通信工程等相关专业对信息安全领域课程的教材要求;

　　③ 立体配套:除主教材外,还配有多媒体电子教案、习题与实验指导等;

　　④ 版本更新及时,紧跟科学技术的新发展。

　　在全力做好本版教材,满足学生用书的基础上,还经由专家的推荐和审定,遴选了一批国外信息安全领域优秀的教材加入系列教材中,以进一步满足大家对外版书的需求。"高等院校信息安全专业系列教材"已于2006年年初正式列入普通高等教育"十一五"国家级教材规划。

　　2007年6月,教育部高等学校信息安全类专业教学指导委员会成立大会暨第一次会议在北京胜利召开。本次会议由教育部高等学校信息安全类专业教学指导委员会主任单位北京工业大学和北京电子科技学院主办,清华大学出版社协办。教育部高等学校信息安全类专业教学指导委员会的成立对我国信息安全专业的发展起到重要的指导和推动作用。2006年,教育部给武汉大学下达了"信息安全专业指导性专业规范研制"的教学科研项目。2007年起,该项目由教育部高等学校信息安全类专业教学指导委员会组织实施。在高教司和教指委的指导下,项目组团结一致,努力工作,克服困难,历时5年,制定出我国第一个信息安全专业指导性专业规范,于2012年年底通过经教育部高等教育司理工科教育处授权组织的专家组评审,并且已经得到武汉大学等许多高校的实际使用。2013年,新一届教育部高等学校信息安全专业教学指导委员会成立。经组织审查和研究决定,2014年以教育部高等学校信息安全专业教学指导委员会的名义正式发布《高等学校信息安全专业指导性专业规范》(由清华大学出版社正式出版)。

2015年6月,国务院学位委员会、教育部出台增设"网络空间安全"为一级学科的决定,将高校培养网络空间安全人才提到新的高度。2016年6月,中央网络安全和信息化领导小组办公室(下文简称中央网信办)、国家发展和改革委员会、教育部、科学技术部、工业和信息化部及人力资源和社会保障部六大部门联合发布《关于加强网络安全学科建设和人才培养的意见》(中网办发文〔2016〕4号)。2019年6月,教育部高等学校网络空间安全专业教学指导委员会召开成立大会。为贯彻落实《关于加强网络安全学科建设和人才培养的意见》,进一步深化高等教育教学改革,促进网络安全学科专业建设和人才培养,促进网络空间安全相关核心课程和教材建设,在教育部高等学校网络空间安全专业教学指导委员会和中央网信办资助的网络空间安全教材建设课题组的指导下,启动了"网络空间安全重点规划丛书"的工作,由教育部高等学校网络空间安全专业教学指导委员会秘书长封化民教授担任编委会主任。本规划丛书基于"高等院校信息安全专业系列教材"坚实的工作基础和成果、阵容强大的编审委员会和优秀的作者队伍,目前已经有多本图书获得教育部和中央网信办等机构评选的"普通高等教育本科国家级规划教材""普通高等教育精品教材""中国大学出版社图书奖"和"国家网络安全优秀教材奖"等多个奖项。

"网络空间安全重点规划丛书"将根据《高等学校信息安全专业指导性专业规范》(及后续版本)和相关教材建设课题组的研究成果不断更新和扩展,进一步体现科学性、系统性和新颖性,及时反映教学改革和课程建设的新成果,并随着我国网络空间安全学科的发展不断完善,力争为我国网络空间安全相关学科专业的本科和研究生教材建设、学术出版与人才培养做出更大的贡献。

我们的E-mail地址是:zhangm@tup.tsinghua.edu.cn,联系人:张民。

"网络空间安全重点规划丛书"编审委员会

前　言

没有网络安全,就没有国家安全;没有网络安全人才,就没有网络安全。

为了更多、更快、更好地培养网络安全人才,许多学校都加大投入,聘请优秀教师,招收优秀学生,建设一流的网络空间安全专业。

网络空间安全专业建设需要体系化的培养方案、系统化的专业教材和专业化的师资队伍。优秀教材是培养网络空间安全专业人才的关键基础,编写网络空间安全专业优秀教材是一项十分艰巨的任务。原因有二:其一,网络空间安全的涉及面非常广,至少包括密码学、数学、计算机、通信工程等多门学科,因此,其知识体系庞杂,难以梳理;其二,网络空间安全的实践性很强,技术发展、更新非常快,对环境和师资要求也很高。

本书为"入侵检测与入侵防御"课程的配套实验指导教材。通过实践教学,让学生理解和掌握入侵检测系统与入侵防御系统的基本配置、功能配置、数据分析功能,从而培养学生对入侵检测系统与入侵防御系统的部署、应用和安全运维能力。

本书共分为5章。第1章介绍入侵检测与入侵防御系统的基本配置,第2章介绍入侵检测系统功能配置,第3章介绍入侵防御系统功能配置,第4章介绍入侵检测与入侵防御系统数据分析,第5章介绍综合课程设计。

本书编写过程中得到奇安信集团熊瑛、裴智勇、张博、陈隆沛和北京邮电大学雷敏等专家学者的鼎力支持,在此对他们的工作表示衷心的感谢!

由于作者水平有限,书中难免存在疏漏和不妥之处,欢迎读者批评指正。

作　者
2020 年 3 月

目　录

第1章

入侵检测与入侵防御系统的基本配置

入侵是指在非法或未经授权的情况下,试图存取或处理系统或网络中的信息,或破坏系统以及网络,从而导致系统或网络的可用性、机密性和完整性受到破坏的故意行为。入侵检测是对入侵行为的发觉。入侵检测技术是为保证网络系统的安全而设计与配置的一种能够及时发现并报告系统中未授权或异常现象的技术,是一种用于检测计算机网络中违反安全策略行为的技术,是通过数据的采集与分析实现对入侵行为检测的技术。入侵检测系统可以完成入侵检测功能。

任何一个单位购买入侵检测系统设备后,必须完成基本的系统配置、系统的特征库升级、网络接口配置,才可以使用入侵检测系统。同时,当入侵检测系统配置出现故障时,可以恢复配置文件。

1.1 入侵防御系统基本设置实验

【实验目的】

管理员可以熟练掌握入侵防御系统的基础设置,能够根据实际需求使用 HTTPS、SSH、HTTP 登录方式管理系统,修改系统时钟、超时时间和系统名称。

【知识点】

基础设置、管理员账号、登录方式、HTTPS、SSH、HTTP。

【场景描述】

A 公司张经理让安全运维工程师小王接手入侵防御系统的管理工作,小王需要熟悉入侵防御系统的系统设置及其管理角色、登录方式等内容。请思考应如何帮助小王熟悉入侵检测系统的系统设置中的内容。

【实验原理】

入侵防御系统支持基于图形用户界面(Graph User Interface,GUI)和基于命令行(Command Line,CLI)的管理方式,管理员可通过这两种方式对入侵防御系统进行配置、维护和管理。系统设置主要用于设置系统时钟、管理登录超时时间和系统名称。在系统时钟中，可以设置时区、标准日期、管理主机当前时间，还能将时间同步到安全网关。管理登录超时时间的范围为 60～65535。系统名称要求由字母、数字或者下画线组成。

【实验设备】

安全设备：SecIPS 3600 入侵防御系统设备 1 台。
主机终端：Windows 7 主机 1 台。

【实验拓扑】

入侵防御系统基本设置实验拓扑图如图 1-1 所示。

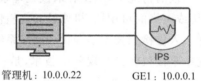

管理机：10.0.0.22　　　　　　GE1：10.0.0.1

图 1-1　入侵防御系统基本设置实验拓扑图

【实验思路】

(1) 采用默认的 HTTPS 方式登录设备。
(2) 修改设备系统时间、超时时间和系统名称。
(3) 添加用户 userssh 登录策略，仅允许以 SSH 方式登录系统。
(4) 添加用户 userhttp 登录策略，仅允许以 HTTP 方式登录系统。

【实验步骤】

(1) 在管理机中打开浏览器，在地址栏中输入入侵防御系统产品的 IP 地址 https://10.0.0.1(以实际设备 IP 地址为准)，进入入侵防御系统的登录界面。输入管理员的用户名 admin 和密码 admin 登录入侵防御系统，如图 1-2 所示。

图 1-2　入侵防御系统登录界面

（2）弹出建议修改初始密码的界面，单击"取消"按钮，如图 1-3 所示。

图 1-3　登录 IPS

（3）登录入侵防御系统设备后，会显示入侵防御系统的面板界面，如图 1-4 所示。

图 1-4　入侵检测系统的面板界面

（4）选择面板上方导航栏中的"管理"→"系统设置"菜单命令，进入"基础设置"界面，如图 1-5 所示。

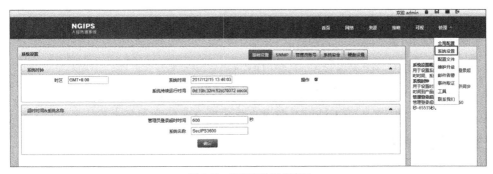

图 1-5　"基础设置"界面

（5）选择面板右上方的"管理"→"系统设置"→"管理员账号"界面菜单命令，双击 admin，如图 1-6 所示。

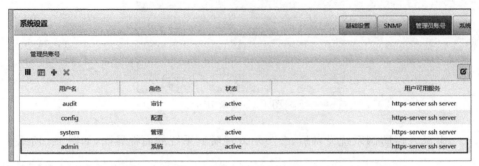

图 1-6　"管理员账号"界面

（6）在界面中可见，用户 admin 已被默认授权 SSH 可用服务，如图 1-7 所示。

图 1-7　管理员账号

【实验预期】

（1）成功配置入侵防御系统时间、超时时间和系统名称。

（2）用户 userssh 成功以 SSH 登录方式访问入侵防御系统平台。

（3）用户 userhttp 成功以 HTTP 登录方式访问入侵防御系统平台。

【实验结果】

1. 基础设置

（1）选择面板上方导航栏中的"管理"→"系统设置"，进入"基础设置"界面菜单命令，如图 1-8 所示。

图 1-8　"基础设置"界面

（2）在"基础设置"界面中，单击"系统时钟"右侧的"操作"按钮，编辑系统时间，如图 1-9 所示。

图 1-9　编辑系统时间

（3）在"时间设置"界面中，设置"标准日期"为"2017/12/15 00：00：00"，如图 1-10 所示。

图 1-10　"时间设置"界面

（4）单击"确定"按钮，返回到"基础设置"界面。填入"管理员登录超时时间"为 1000，"系统名称"为 IntrusionPrevention，如图 1-11 所示。

（5）选择面板上方导航栏中的"管理"→"系统设置"菜单命令，进入"基础设置"界面，可见成功修改的设备信息，如图 1-12 所示。

图 1-11 "超时时间和系统名称"界面

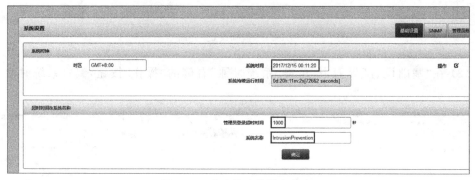

图 1-12 成功修改的设备信息

（6）综上所述，成功修改系统时钟和设备信息，返回正确结果，满足预期。

2. 用户 userssh 仅可以以 SSH 方式登录系统

（1）选择面板右上方的"管理"→"系统设置"→"管理员账号"界面菜单命令，单击左上侧的"＋"按钮，新建一个管理员账号。"管理员账号"界面中，"用户名"中都填写 userssh，"口令"和"确认口令"中填写 qwert12345，"角色"选择"审计"，"授权用户可用服务"一栏仅选中 ssh 选项，其余保持默认配置，单击"确定"按钮，如图 1-13 所示。

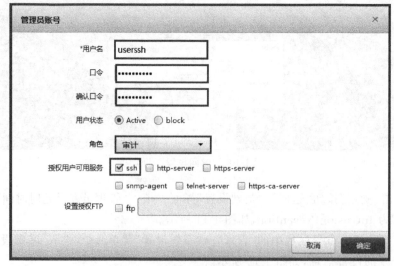

图 1-13 添加 userssh 登录策略

（2）在管理机桌面双击打开 Xshell 5。如弹出"会话"界面，则关闭该界面。在 Xshell 5 界面中选择"文件"→"新建"菜单命令，新建连接，如图 1-14 所示。

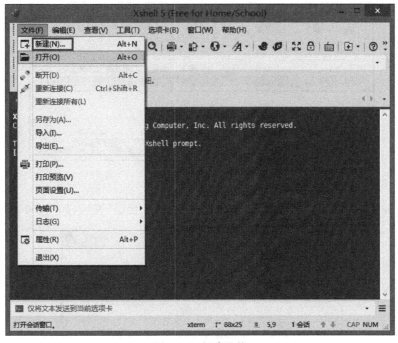

图 1-14　新建连接

（3）在"新建会话属性"界面中，"名称"中填入"SSH 登录入侵防御系统"，"协议"选择 SSH，"主机"中填入 10.0.0.1（以实际设备 IP 为准），其他保持默认配置，如图 1-15 所示。

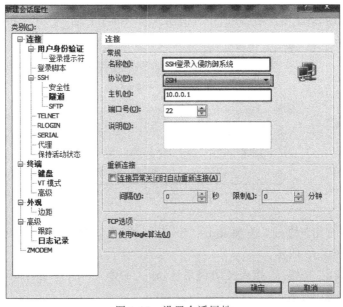

图 1-15　设置会话属性

（4）单击"确定"按钮，关闭"新建会话属性"界面。在弹出的"会话"界面中单击"SSH 登录入侵防御系统"，之后单击"连接"按钮，如图 1-16 所示。

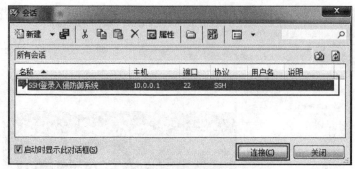

图 1-16　连接会话

（5）在弹出的"SSH 安全警告"界面中单击"一次性接受"按钮，如图 1-17 所示。

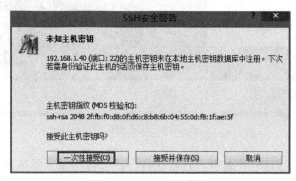

图 1-17　SSH 安全警告

（6）在弹出的"SSH 用户名"界面中，"请输入登录的用户名"中填入 userssh，如图 1-18 所示。

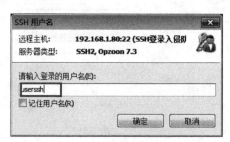

图 1-18　输入用户名

（7）单击"确定"按钮，在弹出的"SSH 用户身份验证"界面中，"密码"填入 qwert12345，如图 1-19 所示。

（8）单击"确定"按钮，连接入侵防御系统，输入命令"show ?"按 Enter 键执行，返回正确结果，如图 1-20 所示。

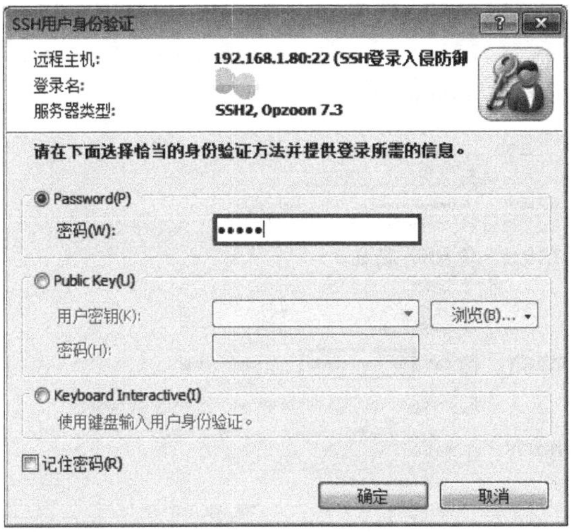

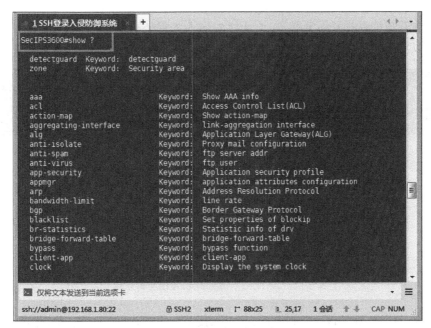

图 1-19　填入口令

图 1-20　成功连接入侵防御系统

（9）综上所述，成功连接入侵防范系统，返回正确结果，符合预期。

3. 用户 userhttp 仅可以 HTTP 方式登录系统

（1）选择面板右上方的"管理"→"系统设置"→"管理员账号"界面菜单命令，双击 userhttp。在"管理员账号"界面中，"用户名"中都填写 userhttp，"口令"和"确认口令"中都填写 qwert12345，"角色"选择"审计"，"授权用户可用服务"一栏仅选中"http-server"选项，其余保持默认配置，单击"确定"按钮，如图 1-21 所示。

图 1-21　添加 userhttp 登录策略

（2）在管理机中打开浏览器，在地址栏中输入入侵防御系统产品的 IP 地址 http://
10.0.0.1（以实际设备 IP 地址为准），返回正确结果，如图 1-22 所示。

图 1-22　以 HTTP 方式登录入侵防御系统

（3）综上所述，成功以 HTTP 方式登录入侵防御系统，返回正确结果，符合预期。

【实验思考】

（1）公司现在需要小王增加管理员用户以 HTTPS 的方式登录，小王应该对管理员
进行怎样的调整？

（2）思考一下，如果小王要取消入侵防御系统设备的时区，他应该怎么做？

1.2　入侵防御系统维护升级实验

【实验目的】

在 SecIPS 3600 Web 页面,通过导入软件升级包、License 升级包、Product 升级包、特征库升级包对入侵防御系统进行维护和升级。

【知识点】

维护升级中的 Product 升级、License 升级,了解系统升级、特征库升级。

【场景描述】

A 公司购买的入侵防御设备在部署前需要导入设备的产品文件和软件版权许可证,方可正常使用设备,安全运维工程师小王需要导入相关文件激活设备,并了解设备的系统升级、特征库升级方式。请思考,应如何激活入侵检测系统设备。

【实验原理】

当 IPS 软件有新版本时,可以在 Web 管理页面中对 IPS 进行升级操作,以便用户方便、及时地使用不断发布的软件升级包、License 升级包、特征库升级包,对设备的性能和功能进行扩充。

【实验设备】

安全设备:SecIPS 3600 入侵防御系统设备 1 台。
主机终端:Windows XP SP3 主机 1 台,Windows 7 主机 1 台。

【实验拓扑】

入侵防御系统维护升级实验拓扑图如图 1-23 所示。

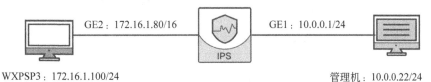

图 1-23　入侵防御系统维护升级实验拓扑图

【实验思路】

(1) 配置 IPS 网络接口。
(2) 系统升级。
(3) License 升级。

（4）Product升级。

（5）特征库升级。

【实验步骤】

（1）在管理机中打开浏览器，在地址栏中输入 SecIPS 3600 Web 登录界面地址 https://10.0.0.1（以实际设备 IP 地址为准），进入 SecIPS 3600 的登录界面，输入管理员用户名 admin 和密码 admin，单击"登录"按钮，登录 SecIPS 3600 Web 页面。

（2）在弹出的"提示修改密码"界面中单击"取消"按钮。

（3）登录到 SecIPS 3600 设备后，会显示 SecIPS 3600 的面板界面。将鼠标放在"网络"上，在显示的子菜单中单击"网络接口"按钮。

（4）通过配置接口 IP 地址管理设备，配置完成用户通过 HTTPS 方式访问设备的管理地址，在 Web 页面中管理 IPS 设备，在"网络接口"界面单击"接口 IP"按钮，之后单击"添加"按钮添加新的接口 IP，如图 1-24 所示。

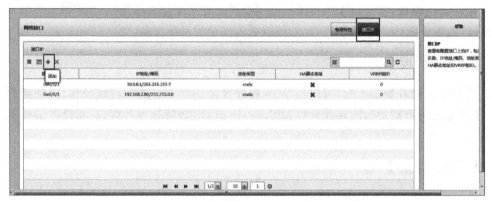

图 1-24　打开网络接口

（5）配置"Ge0/0/2"。"接口 IP"选择"Ge0/0/2"，"IP 地址"中输入 172.16.1.80，"掩码"选择 255.255.255.0，其他选项保持默认，如图 1-25 所示。

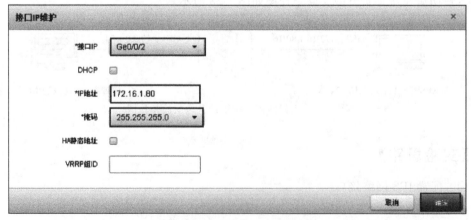

图 1-25　配置接口 IP 界面

【实验预期】

可以通过 PC 对 SecIPS 3600 系统维护升级,导入系统升级文件、License 升级文件, Product 文件成功,特征库离线升级成功。

【实验结果】

(1) 登录实验平台对应的实验拓扑左侧的 WXPSP3 虚拟机,如图 1-26 所示。

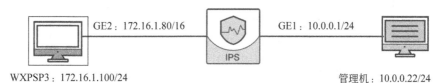

图 1-26　登录左侧的 WXPSP3 虚拟机

(2) 打开浏览器,以火狐浏览器为例,在地址栏中输入 SecIPS 3600 Web 的登录界面 地址 https://172.16.1.80(以实际设备 IP 地址为准),进入 SecIPS 3600 的登录界面,首次 进入 IPS Web 界面需要在浏览器中单击"高级"按钮,如图 1-27 所示。

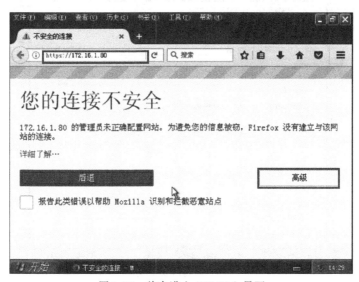

图 1-27　首次进入 IPS Web 界面

(3) 单击高级下拉界面,单击"添加例外"按钮,如图 1-28 所示。

(4) 在弹出的窗口中单击"确认安全例外"按钮,如图 1-29 所示。

(5) 确认安全例外后,进入 IPS Web 登录界面,登录的用户名为 admin,密码为 admin,确认输入无误后单击"登录"按钮,如图 1-30 所示。

(6) 进行系统维护升级。进入 Web 界面后将鼠标放到"管理"上,在显示的子菜单上 单击"维护升级"进入维护升级界面,如图 1-31 所示。

(7) 在选择的"维护升级"界面选择"系统升级",选择导入"C:\Update"文件夹里的

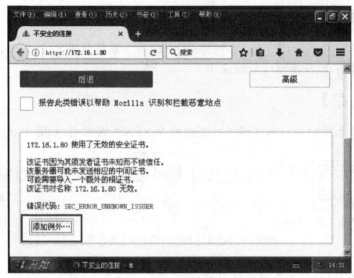

图 1-28　Web 登录添加例外

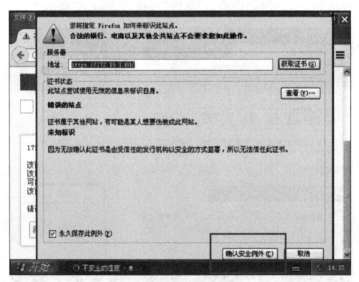

图 1-29　确认安全例外

文件 V500H010P003D032B18_x86-XR64_64874_20171116_13h.rom，确认无误后单击"确定"按钮，升级完成后的版本为 B18，如图 1-32 所示。

（8）在弹出的窗口中单击"确定"按钮，如图 1-33 所示。

（9）系统升级需要几分钟，升级完成后会弹出提示窗口，单击"确定"按钮，如图 1-34 所示。

（10）导入系统升级文件成功后，单击界面右上角的"保存配置"按钮，如图 1-35 所示。

（11）在弹出的"配置保存成功"界面中单击"确定"按钮，如图 1-36 所示。

图 1-30　SecIPS 3600 登录界面

图 1-31　维护升级

图 1-32　导入升级文件

图 1-33 确定升级

图 1-34 维护升级成功

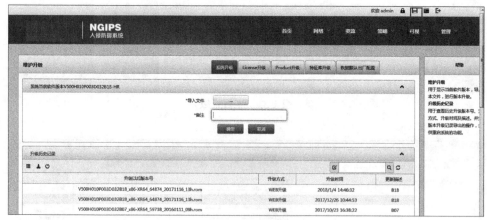

图 1-35 继续保存设置

（12）保存配置成功后需要单击界面左下角的"重启系统"按钮，如图 1-37 所示。

（13）在弹出的"重启提示"界面中单击"确定"按钮，如图 1-38 所示。

（14）在"维护升级"界面选择"License 升级"，导入 license 文件 IPS_D25_LIC.enc 并

图 1-36 保存设置

图 1-37 重启系统

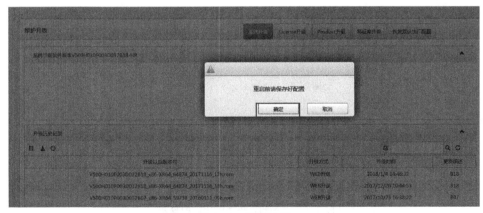

图 1-38 确定重启

添加备注,确认无误后单击"确定"按钮,如图 1-39 所示。

(15) 在弹出的提示窗口中单击"确定"按钮,如图 1-40 所示。

(16) 升级完成后会显示新的 License 信息和旧的 License 信息,单击"确定"按钮,如图 1-41 所示。

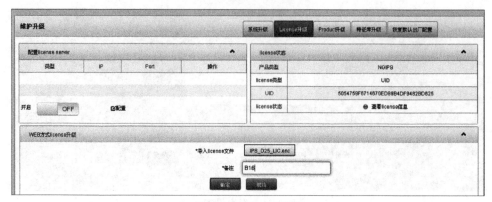

图 1-39　License 升级

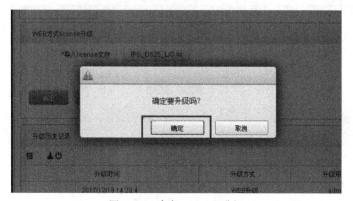

图 1-40　确定 License 升级

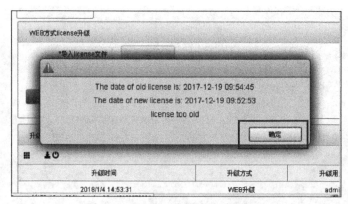

图 1-41　License 升级成功后的提示

（17）导入 License 文件后需要单击界面右上角的"保存配置"按钮，如图 1-42 所示。

（18）在弹出的"保存配置成功"界面中单击"确定"按钮，如图 1-43 所示。

（19）保存配置后需要单击界面左下角的"重启系统"按钮，如图 1-44 所示。

（20）在弹出的"确认重启"界面中单击"确定"按钮，如图 1-45 所示。

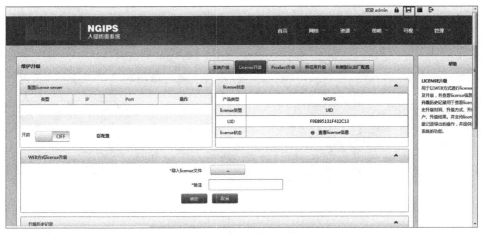

图 1-42　再次保存配置

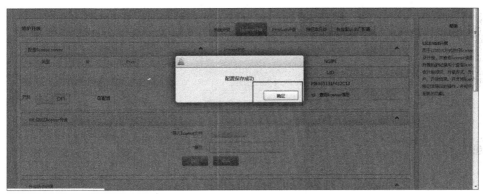

图 1-43　保存配置成功

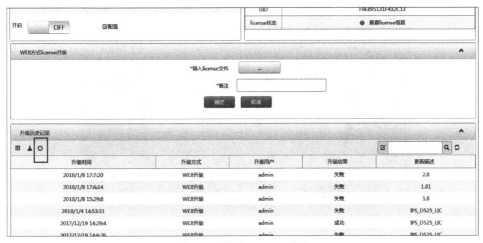

图 1-44　继续 License 升级

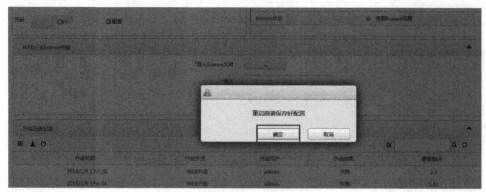

图1-45　确定重启

(21) 在"维护升级"界面中选择"Product 升级",导入"C:\Update"文件夹里加密的生产文件 IPS_D525_pd.enc 并添加备注,确认无误后单击"确定"按钮,如图 1-46 所示。

图1-46　再次 License 升级

(22) 在弹出的窗口中单击"确定"按钮。

(23) 升级成功后会弹出提示窗口,单击"确定"按钮,如图 1-47 所示。

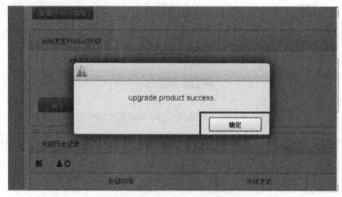

图1-47　Product 文件升级成功

(24) 导入加密生产文件成功后需要单击升级界面右上角的"保存配置"按钮,如图 1-48 所示。

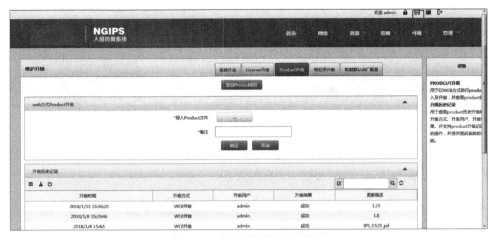

图 1-48　单击"保存配置"按钮

（25）在弹出的"保存配置成功"界面中单击"确定"按钮，如图 1-49 所示。

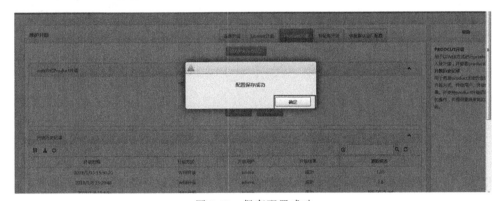

图 1-49　保存配置成功

（26）保存配置成功后需要单击升级界面左下角的"重启系统"按钮，如图 1-50 所示。

图 1-50　重启系统

（27）在弹出的"重启"界面单击"确定"按钮，如图 1-51 所示。

图 1-51　确定重启

（28）选择系统特征库在线升级。在"维护升级"界面中选择"特征库升级"，在线升级选项保持默认，单击"立即升级"按钮，如图 1-52 所示。

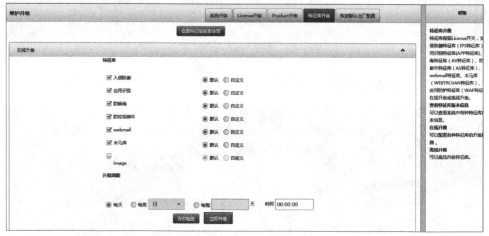

图 1-52　离线升级

（29）在弹出的窗口中单击"确定"按钮。

（30）升级完后会弹出窗口，单击"确定"按钮，使用在线升级功能需要连接公网服务器，实验室使用的是独立局域网，所以升级失败，如图 1-53 所示。

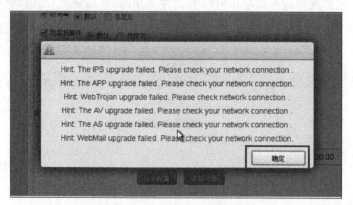

图 1-53　特征库在线升级结果

（31）在特征库升级界面导入特征库文件，确认无误后单击"升级"按钮，如图 1-54

所示。

保存配置
立即升级
离线升级
导入特征库文件
IPS-20150507-1.0.2.7
升级
成功升级的时间
升级模块
升级后版本号
2018/01/04 14:26:20
入侵防御特征库
1.0.2.7
2018/01/04 14:25:52
入侵防御特征库
1.0.2.7
2015/07/10 14:26:01
入侵防御特征库
1.0.2.8

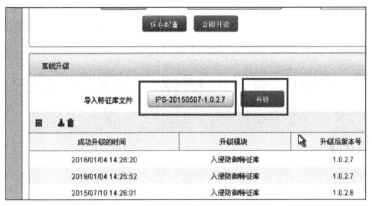

图 1-54　导入特征库文件

(32) 在弹出的窗口中单击"确定"按钮，如图 1-55 所示。

升级过程会引起2~5分钟网络波动，是否继续？
确定
取消

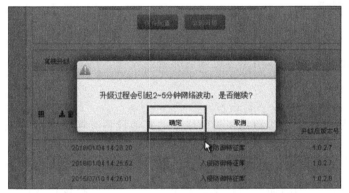

图 1-55　提示界面

(33) 升级完成后单击界面右侧的"刷新"按钮，可以查看升级记录，如图 1-56 所示。

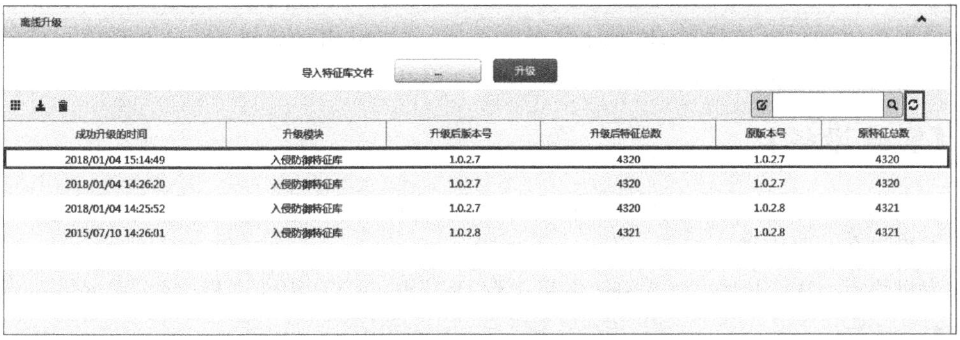

离线升级
导入特征库文件
升级
成功升级的时间
升级模块
升级后版本号
升级后特征总数
原版本号
原特征总数
2018/01/04 15:14:49
入侵防御特征库
1.0.2.7
4320
1.0.2.7
4320
2018/01/04 14:26:20
入侵防御特征库
1.0.2.7
4320
1.0.2.7
4320
2018/01/04 14:25:52
入侵防御特征库
1.0.2.7
4320
1.0.2.8
4321
2015/07/10 14:26:01
入侵防御特征库
1.0.2.8
4321
1.0.2.8
4321

图 1-56　特征库离线升级

(34) 综上所述，在 Web 界面配置好网络接口后，可以在 Web 界面完成对 IPS 的维护升级，满足预期。

【实验思考】

（1）本实验在维护升级中导入的非标准文件对设备的使用将会有怎样的影响？

（2）如果高版本出现问题，能否回退到低版本？

1.3 入侵防御系统网络接口配置实验

【实验目的】

实现 IPS 的串行部署，将 IPS 部署在信息系统的关键节点。

【知识点】

桥接口、接口 IP。

【场景描述】

A 公司采购了一台入侵防御系统，小王为设备的管理员，领导要求小王将该设备部署在公司的关键业务节点中，请思考应如何部署该设备。

【实验原理】

入侵防御系统（IPS）的接口用来与网络中的其他设备交换数据，IPS 支持物理接口和逻辑接口，物理特性配置中有以太网接口、VLAN 子接口、逻辑桥接口、逻辑链路聚合接口共 4 个表项。物理接口是真实存在的接口，如以太网接口。逻辑接口指能够实现数据转发功能但物理上不存在、需要通过配置建立的接口，如逻辑接口 VLAN、逻辑桥接口、逻辑链路聚合接口。逻辑虚接口共用物理接口的物理层参数，又可以分别配置各自的链路层和网络层参数。IPS 允许用户创建依赖于物理接口的逻辑接口，为用户提供了很强的灵活性。

管理员可通过配置接口 IP 地址管理设备，配置完成用户通过 https 方式访问设备的管理地址，在 Web 页面中管理 IPS 设备。

【实验设备】

安全设备：SecIPS 3600 入侵防御系统设备 1 台。

网络设备：路由器 1 台。

主机终端：Windows 2003 SP2 主机 1 台、Windows XP SP3 主机 1 台、Windows 7 主机 1 台。

【实验拓扑】

入侵防御系统网络接口配置实验拓扑图如图 1-57 所示。

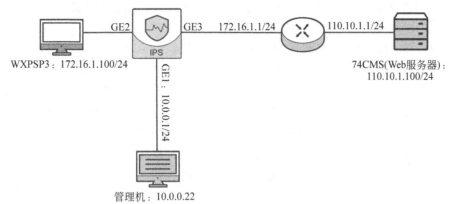

图 1-57 入侵防御系统网络接口配置实验拓扑图

【实验思路】

（1）配置桥接口。

（2）配置网络接口。

（3）配置安全策略。

【实验步骤】

（1）在管理机中打开浏览器，在地址栏中输入入侵防御系统产品的 IP 地址 https://10.0.0.1（以实际设备 IP 地址为准），进入入侵防御系统的登录界面。输入管理员的用户名 admin 和密码 admin 登录入侵防御系统。

（2）当弹出修改密码的窗口时，单击"取消"按钮。

（3）登录入侵防御系统设备后，会显示入侵防御系统的面板界面。

（4）选择面板上方导航栏中的"网络"→"网络接口"菜单命令。

（5）在"网络接口"界面，单击"逻辑桥接口"的"＋"按钮，增加桥接口。

（6）在"编辑逻辑桥接口"界面中输入"桥接口 ID"为 1，选中"启用桥接口"，"绑定接口"选择"Ge0/0/2，Ge0/0/3"，如图 1-58 所示。

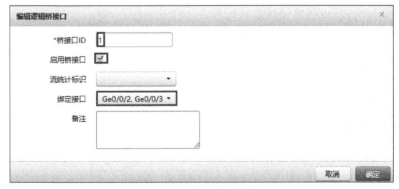

图 1-58 编辑逻辑桥接口

（7）单击"确定"按钮，返回到"网络接口"界面，可见成功增加的桥接口。

（8）在"网络接口"界面中双击"以太网接口"的"Ge0/0/2"。

（9）在"编辑以太网接口"界面中，"流统计标识"选择 inside，其他保持默认配置。

（10）单击"确定"按钮，返回到"网络接口"界面，再双击"以太网接口"的"Ge0/0/3"，在弹出的"编辑以太网接口"界面中，"流统计标识"选择 outside，其他保持默认配置。

（11）单击"确定"按钮，返回到"网络接口"界面，可见配置成功的以太网接口。

（12）选择面板上方导航栏中的"资源"→"资源对象"菜单命令。

（13）在"资源对象"界面中，单击"地址对象"的"＋"按钮，增加地址对象。

（14）在"地址对象维护界面"中，输入"名称"为"地址1"，"地址"下一行设置 172.16.1.0、255.255.255.0，其他保持默认配置。

（15）单击"确定"按钮，返回到"资源对象"界面。单击"地址对象"的"＋"按钮，增加地址对象。

（16）在"地址对象维护"界面中，输入"名称"为"地址2"，"地址"下一行设置 110.10.1.0、255.255.255.0，其他保持默认配置。

（17）单击"确定"按钮，返回到"资源对象"界面，可见成功增加的地址对象。

（18）选择面板上方导航栏中的"策略"→"安全策略"菜单命令。

（19）在"安全策略"界面中，单击"安全策略"的"＋"按钮，增加安全策略。

（20）在"新建策略"界面中，输入"策略名称"为 policy1，在"策略条件"的源中，"源 IP 对象"选择"地址1"，其他保持默认配置。

（21）单击"策略条件"的"目的"按钮，"目的 IP 对象"选择"地址2"，其他保持默认配置。

（22）单击"策略条件"的"动作"按钮，选中"操作"的"接受"。

（23）单击"确定"按钮，返回到"安全策略"界面，可见成功增加的安全策略。

（24）选择面板左侧导航栏中的"管理"→"全局配置"菜单命令。

（25）在"全局配置"界面中，单击确保"日志纪录开关"的所有选项都处于 ON 状态，其他保持默认配置。

（26）单击"确定"按钮，保存配置。单击"全局配置"上方导航栏中的"全局开关"按钮。

（27）在"全局开关"界面中，单击保证"流量统计""默认包策略""日志聚合功能"的所有选项都处于 ON 状态，其他保持默认配置。

（28）单击"确定"按钮，保存配置，配置完毕。

【实验预期】

PC 可正常访问的 Web 服务器。

【实验结果】

（1）登录实验平台对应实验拓扑左侧的 WXPSP3 虚拟机，进入 PC，如图 1-59 所示。

（2）在 WXPSP3 虚拟机中，双击桌面上的 Mozilla Firefox，打开火狐浏览器，如图 1-60 所示。

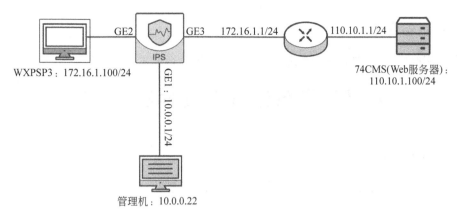

图 1-59　登录左侧的 WXPSP3 虚拟机

图 1-60　打开火狐浏览器

（3）在火狐浏览器的地址栏中输入 110.10.1.100，访问 Web 网站，如图 1-61 所示。

图 1-61　访问 Web 网站

（4）成功访问到 Web 网站，符合预期，如图 1-62 所示。

图 1-62　成功访问到 Web 网站

【实验思考】

在本实验中,若在外网中增减服务器设备,应该怎么配置网络接口?

1.4 入侵防御系统配置文件实验

【实验目的】

在入侵防御系统配置出问题时恢复系统的配置信息。

【知识点】

系统设置、配置文件管理。

【场景描述】

A 公司的安全运维工程师小王配置好入侵防御系统后,为确保入侵防御系统以后在出现因配置调整出现问题无法排查的情况下,可以回退至当前配置好的状态,需要使用入侵防御系统的配置文件管理功能,以保存和恢复系统的配置信息,方便调试新配置。请思考应如何管理入侵防御系统的配置文件。

【实验原理】

在入侵防御系统可以正常工作时保存导出配置信息,可以在需要时导入配置文件让入侵防御系统恢复到当初导出配置文件时的状态。

【实验设备】

安全设备:SecIPS 3600 入侵防御系统设备 1 台。
网络设备:路由器 1 台,交换机 1 台。
主机终端:Windows 2003 SP2 主机 2 台,Windows XP SP3 主机 2 台,Windows 7 主机 1 台。

【实验拓扑】

入侵防御系统配置文件实验拓扑图如图 1-63 所示。

【实验思路】

(1) 配置桥接口。
(2) 创建地址对象。
(3) 创建网址过滤黑白名单,配置对应的策略。
(4) 创建新的 URL 分类,配置对应的策略。
(5) 保存当前策略,并导出配置文件。

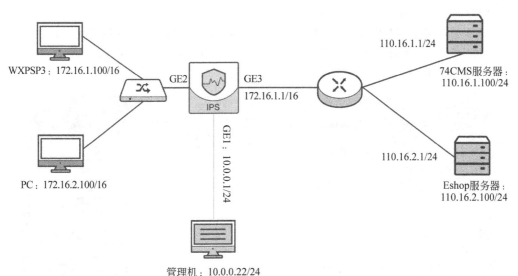

图 1-63　入侵防御系统配置文件实验拓扑图

（6）删除配好的策略，并删除一些重要对象，让入侵防御系统不能起到相关作用。

（7）使用配置文件还原删除前的策略。

【实验步骤】

（1）在管理机中打开浏览器，在地址栏中输入入侵防御系统产品的 IP 地址 https://
10.0.0.1（以实际设备 IP 地址为准），进入入侵防御系统的登录界面。输入管理员用户名
admin 和密码 admin 登录入侵防御系统。

（2）在弹出的提示修改密码界面中单击"取消"按钮。

（3）登录入侵防御系统设备后，会显示入侵防御系统的面板界面。

（4）选择面板上方导航栏中的"网络"→"网络接口"菜单命令。

（5）在"网络接口"界面中找到"逻辑桥接口"部分，单击"＋"按钮创建新的逻辑桥。

（6）在"＋"界面，输入"桥接口 ID"为 10，选中"启用桥接口"，"绑定接口"选择"Ge0/
0/2，Ge0/0/3"。

（7）选择面板上方导航栏中的"资源"→"资源对象"菜单命令。

（8）在"资源对象"界面，单击"地址资源"的"＋"按钮，增加地址对象。

（9）在"＋"界面，输入"名称"为 any，选中"网段"，"地址框"输入 0.0.0.0，"子网掩码"
选择 0.0.0.0。

（10）选择面板上方导航栏中的"资源"→"策略对象"菜单命令。

（11）在"策略对象"界面，单击"网址过滤"的"＋"按钮，创建黑白名单。

（12）在"＋"界面，"URL 过滤名称"输入 noshop，"黑名单过滤方式"选择"关键字"，
"URL 黑名单"输入 110.16.2.100 确认无误后单击"添加"按钮，"白名单过滤方式"选择
"关键字"，"URL 白名单"输入 110.16.1.100 确认无误后单击"添加"按钮，最后单击"确
定"按钮。

（13）在"策略对象"界面，选择"URL 类"。

（14）在"URL 类"界面中找到"URL 自定义类"部分，单击"+"按钮新建 URL 类。

（15）在"+"界面，"组名称"输入 nothing，"URL 地址"填 110.16.1.100，单击"添加"，如图 1-64 所示。

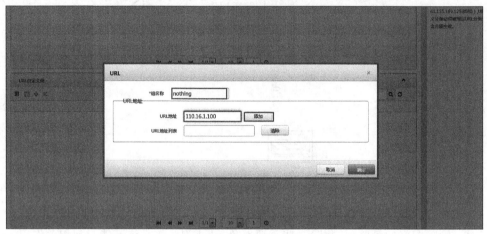

图 1-64　新建 URL 类

（16）在"+"界面，"URL 地址"输入 110.16.2.100，单击"添加"按钮，确认信息无误后单击"确定"按钮。

（17）在"URL 类"界面选择"URL 类"部分，单击"+"按钮创建新的 URL 分类。

（18）在"+"界面，"分类名称"输入 noshop，在"URL 分类列表"中找到新建的分类 nothing，单击"＞＞" 按钮，最后单击"确定即可"按钮。

（19）选择面板上方导航栏中的"策略"→"安全策略"菜单命令，在"安全策略"界面单击"+" 按钮添加新的安全策略，如图 1-65 所示。

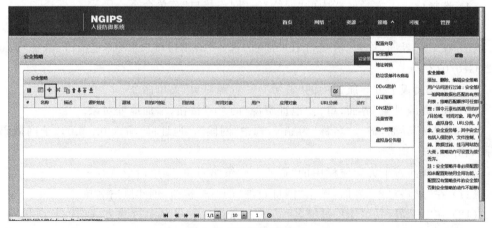

图 1-65　安全策略界面

（20）在"编辑策略"界面，"策略名称"输入 noshop，选择"源"，"源 IP 对象"选择 any。

（21）在"编辑策略"界面选择"目的"，"目的 IP 对象"选择 any。

（22）在"编辑策略"界面选择"URL 分类"，"URL 分类"选择 noshop。

（23）在"编辑策略"界面选择"安全业务"，"URL 过滤"选择 noshop，其他保持默认设置。

（24）在"编辑策略"界面选择"动作"，"操作"选择"接受"，确认无误后单击"确定"按钮。

（25）选择面板上方导航栏中的"管理"→"配置文件"菜单命令。

（26）配置文件界面。

（27）在"配置文件"界面，单击"保存当前配置"按钮。

（28）保存当前配置，"当前配置文件名"输入"config.cfg"，单击"确定"按钮。

（29）在"配置文件"界面可以看到"系统保存的配置文件"是"cfi：/config1.cfg"，这就是我们已经配置好的入侵防御系统的配置文件。

（30）在"配置文件"界面，单击"导出当前配置"按钮。

（31）在浏览器弹出的保存窗口单击"确定"按钮，导出的配置文件将被保存在默认的下载文件夹，本次实验选择保存的路径是桌面（以实际情况为准）。

（32）保存配置文件。

【实验预期】

导入配置文件后入侵防御系统重新正常工作。

【实验结果】

（1）登录实验平台对应实验拓扑左侧的 WXPSP3 虚拟机或 PC 虚拟机（代表公司的不同部门），如图 1-66 所示。

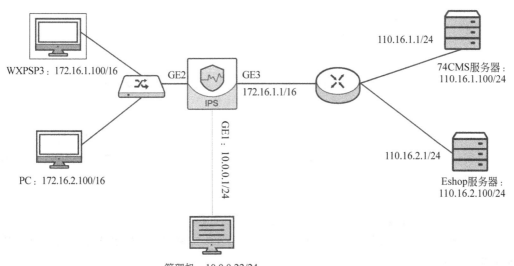

图 1-66　登录左侧的 WXPSP3 虚拟机或 PC 虚拟机

（2）双击虚拟机桌面上的火狐浏览器。

（3）在火狐浏览器地址框输入 http://110.16.1.100（在 URL 过滤白名单中），确认无误后按 Enter 键成功转到相应网站，符合预期，如图 1-67 所示。

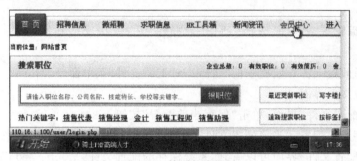

图 1-67　转到相应网站

（4）在火狐浏览器地址栏输入 http://110.16.2.100（不在 URL 过滤白名单中），确认无误后按 Enter 键，发现不能转到相应网站，URL 管控成功符合预期，如图 1-68 所示。

图 1-68　连接失败

（5）在管理机中打开浏览器，在地址栏中输入入侵防御系统产品的 IP 地址 https://10.0.0.1（以实际设备 IP 地址为准），进入入侵防御系统的登录界面。输入管理员用户名 admin 和密码 admin 登录入侵防御系统，如图 1-69 所示。

（6）选择面板上方导航栏中的"策略"→"安全策略"菜单命令，如图 1-70 所示。

（7）选择已经配置好的策略，单击"删除"按钮，如图 1-71 所示。

（8）登录实验平台对应实验拓扑左侧的 WXPSP3 虚拟机或 PC 虚拟机（代表公司的不同部门），如图 1-72 所示。

（9）双击虚拟机桌面上的火狐浏览器。

（10）在火狐浏览器地址框输入 http://110.16.1.100（在 URL 过滤白名单中），确认

图 1-69　入侵防御系统登录界面

图 1-70　安全策略

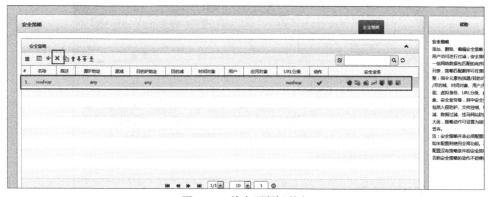

图 1-71　单击"删除"按钮

无误后按 Enter 键成功转到相应网站,符合预期,如图 1-73 所示。

(11) 在火狐浏览器地址栏输入 http://110.16.2.100(不在 URL 过滤白名单中),确认无误后按 Enter 键,同样转到相应网站,URL 管控成功策略失效,如图 1-74 所示。

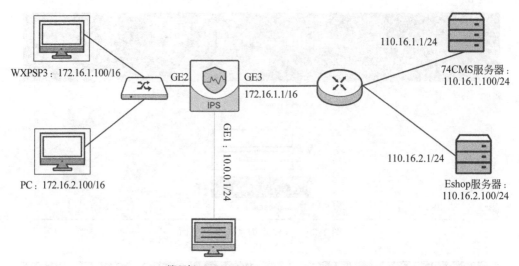

图 1-72　登录左侧的 WXPSP3 虚拟机或 PC 虚拟机

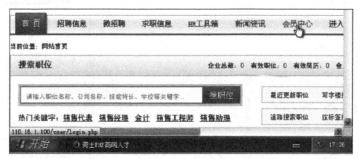

图 1-73　再次转到相应网站

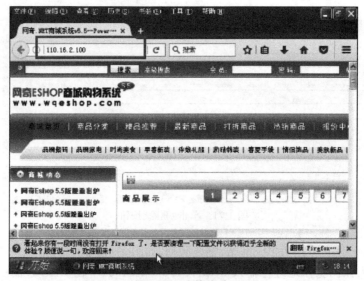

图 1-74　连接成功

（12）在管理机中打开浏览器，在地址栏中输入入侵防御系统产品的 IP 地址 https://10.0.0.1（以实际设备 IP 地址为准），进入入侵防御系统的登录界面。输入管理员的用户名 admin 和密码 admin 登录入侵防御系统，如图 1-75 所示。

图 1-75　登录入侵防御系统

（13）选择面板上方导航栏中的"管理"→"配置文件"菜单命令，如图 1-76 所示。

图 1-76　"配置文件"界面

（14）选择需要导入的配置文件，如图 1-77 所示。

图 1-77　导入配置文件

（15）选择桌面上的配置文件 ExportConf.cfg，如图 1-78 所示。

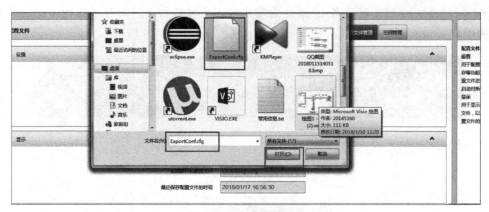

图 1-78　选择配置文件

（16）选择正确的配置文件后，单击"导入"按钮，如图 1-79 所示。

图 1-79　再次导入配置文件

（17）"下次启动的配置文件"选择 ExportConf.cfg，"选择加载配置文件"选择 ExportConf.cfg，单击"设置"按钮和"加载"按钮，如图 1-80 所示。

图 1-80　加载配置文件

（18）单击"加载"按钮后出现加载成功提示界面，单击"确定"按钮，如图 1-81 所示。

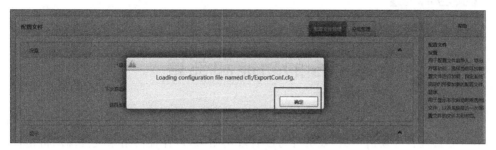

图 1-81　确定界面

（19）选择面板上方导航栏中的"策略"→"安全策略"菜单命令，如图 1-82 所示。

图 1-82　安全策略

（20）发现删除的策略重新出现，符合预期，如图 1-83 所示。

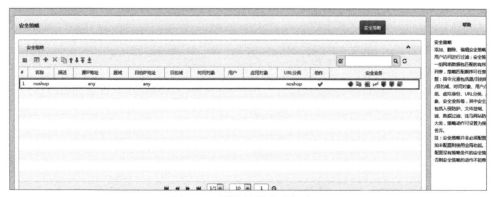

图 1-83　删除的策略重新出现

（21）综上所述，通过配置文件成功恢复了入侵防御系统的配置信息，符合预期。

【实验思考】

如果在加载配置文件时出现了错误，系统会处于什么状态？

1.5 IDS&IPS 的功能和部署

入侵检测系统专业上讲就是依照一定的安全策略，对网络、系统的运行状况进行监视，尽可能发现各种攻击企图、攻击行为或者攻击结果，以保证网络系统资源的机密性、完整性和可用性。

入侵检测系统以旁路的方式在系统中部署，是一个旁路监听设备，不需要跨接在任何链路上，无须网络流量流经它便可以工作。因此，对 IDS 的部署的唯一要求是：IDS 应当挂接在所有所关注流量都必须流经的链路上。这里，"所关注流量"指的是来自高危网络区域的访问流量和需要进行统计、监视的网络报文。

入侵防御系统属于网络交换机的一个子项目，即有过滤攻击功能的特种交换机。入侵防御系统用于深度感知并检测流经的数据流量，对恶意报文进行丢弃以阻断攻击，对滥用报文进行限流以保护网络带宽资源。

入侵防御系统一般部署在防火墙和外来网络的设备之间，依靠对数据包的检测进行防御（包括检查入网的数据包，确定数据包的真正用途，然后决定是否允许其进入内网）。对于部署在数据转发路径上的 IPS，可以根据预先设定的安全策略，对流经的每个报文进行深度检测（包括协议分析跟踪、特征匹配、流量统计分析、事件关联分析等），一旦发现隐藏于其中的网络攻击，可以根据该攻击的威胁级别立即采取抵御措施，如向管理中心告警；丢弃该报文；切断此次应用会话；切断此次 TCP 连接等。

第2章

入侵检测系统功能配置

入侵检测系统能够实时发现网络攻击企图、攻击行为等。通过网络数据监听及多样的告警机制帮助用户及时发现安全威胁事件的发生并采取相应措施。可对常见的端口扫描攻击、木马后门、蠕虫、拒绝服务攻击、缓冲溢出攻击、邮件服务器攻击、SQL注入攻击、CGI访问攻击、IIS服务器攻击、P2P、IM、网络游戏以及其他违规行为进行实时检测告警。入侵检测系统还提供详尽全面的自定义检测功能，可以通过参数的灵活设定，把关注的特殊事件作为自定义策略下发给引擎进行检测。针对检测结果，采用了先进的结构设计，支持图形化的风险评估、事件显示、网络流量监控，给用户提供丰富的图形报表。本章实验主要对入侵检测系统进行基本的功能配置。

2.1 入侵检测系统旁路部署实验

【实验目的】

实现IDS的旁路部署，将IDS部署在信息系统的关键节点。

【知识点】

旁路、接口。

【场景描述】

A公司采购了一台入侵检测系统，小王为设备的管理员，领导要求小王将该设备部署在公司的关键业务节点中，请思考应如何部署该设备。

【实验原理】

IDS的全称为入侵检测系统，能够对用户网络数据进行实时分析，具体来说，可以对网络IP数据包进行协议解析、内容匹配，通过一定的规则特征找出其中恶意特征的数据包，从而检测出不同的攻击行为，如缓冲区溢出、端口扫描、DDOS攻击等，并提供给用户直观的网络入侵情况图表统计，同时采取一定的管理措施，如丢弃、告警等，从而保护用户网络的安全。

管理员可通过配置接口IP地址管理设备，配置完成用户通过https方式访问设备的管理地址，在Web页面中管理IDS设备。

【实验设备】

安全设备：SecIDS 3600 入侵检测系统设备 1 台。

网络设备：交换机 1 台。

主机终端：Windows 7 主机 3 台。

【实验拓扑】

入侵检测系统旁路部署实验拓扑图如图 2-1 所示。

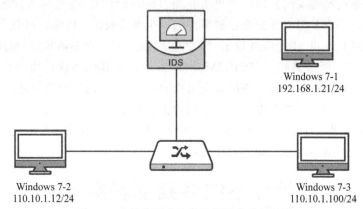

图 2-1　入侵检测系统旁路部署实验拓扑图

【实验思路】

(1) 产品升级。

(2) 部署 IDS 网络。

(3) 配置安全策略。

【实验步骤】

(1) 在 Windows 7-1 机器上打开浏览器,在地址栏中输入 SecIDS 3600 Web 登录界面地址 https://192.168.1.70(以实际设备 IP 地址为准),进入 SecIDS 3600 的登录界面,首次进入 IDS Web 界面需要在浏览器中单击"高级"按钮。单击后下拉浏览器右侧滚动条,单击"继续前往 192.168.1.70"按钮。

(2) 确认安全例外后进入 IDS Web 登录界面,登录的用户名为 admin,密码为 admin,确认输入无误后单击"登录"按钮。

(3) 进入 Web 界面后将鼠标放到"管理"上,在显示的子菜单上单击"维护升级"按钮进入维护升级界面。

(4) 单击"Product 升级"按钮。

(5) "导入 IDS"选择文件 IDS_D525.pd.enc,"备注"填写 D525_pd,单击"确定"按钮。

(6) 单击"确定"按钮。

(7) 等候几分钟后,会有弹窗提示更新成功,单击"确定"按钮。

（8）在升级历史记录中，可以查看 Product 的升级时间、升级方式、升级用户、升级结果和更新描述等信息。

（9）Product 升级成功后需要单击界面左下角的"重启系统"按钮。

（10）在弹出的重启提示界面中单击"确定"按钮。

（11）设备重启完成后，刷新页面，重新登录 SecIDS 3600，单击"高级"按钮。

（12）单击后下拉浏览器右侧滚动条，单击"继续前往 192.168.1.70"按钮。

（13）确认安全例外后进入 IDS Web 登录界面，登录的用户名为 admin，密码为 admin，确认输入无误后单击"登录"按钮。

（14）进入 Web 界面后将鼠标放到"管理"上，在显示的子菜单上单击"维护升级"按钮进入维护升级界面。

（15）单击"License 升级"按钮，如图 2-2 所示。

图 2-2　进入 License 升级

（16）"导入 license 文件"选择文件 IDS_D525.LIC.lic，"备注"填写"D525_LIC"，单击"确定"按钮，如图 2-3 所示。

图 2-3　License 升级

（17）在弹出的提示窗口中单击"确定"按钮。

（18）升级完成后会显示新的 License 信息和旧的 License 信息，单击"确定"按钮，如图 2-4 所示。

图 2-4　License 升级成功后的提示

（19）导入 License 文件后需要单击界面右上角的"保存配置"按钮。

（20）在弹出的"保存配置成功"界面中单击"确定"按钮。

（21）保存配置成功后将鼠标放到"网络"上，在显示的子菜单上单击"网络接口"按钮。

（22）双击端口名称"Ge0/0/2"。

（23）选中"IDS 模式启用"，单击"确定"按钮。

（24）将鼠标放到"资源"上，在显示的子菜单上单击"策略对象"按钮。

（25）单击"入侵特征对象"按钮。

（26）单击"添加"按钮。

（27）"入侵检测特征策略名称"填入 ids2，"请选择入侵检测模板"选择 ids，其他保持默认值，单击"确定"按钮。

（28）将鼠标放到"资源"上，在显示的子菜单上单击"资源对象"按钮。

（29）单击"添加"按钮。

（30）"名称"填写 test，"地址"选择"网段"，填写 110.10.1.0，"掩码"选择 255.255.255.0，其他配置保持不变，单击"确定"按钮。

（31）单击"应用组对象"按钮。

（32）单击"添加"按钮。

（33）"应用对象名称"填写为 app，"过滤条件"选择"或"，其他配置保持不变，单击"确定"按钮。

（34）将鼠标放到"策略"上，在显示的子菜单上单击"安全策略"按钮。

（35）单击"添加"按钮。

（36）"策略名称"填写为 test，"源 IP 对象"选择 test，单击"应用"按钮。

（37）"应用对象"选择 app，单击"安全业务"按钮。

（38）"入侵检测"选择 ids2，单击"确定"按钮。

（39）将鼠标放到"管理"上，在显示的子菜单上单击"全局配置"按钮。

（40）将"日志记录"全部打开，单击"确定"按钮，如图 2-5 所示。

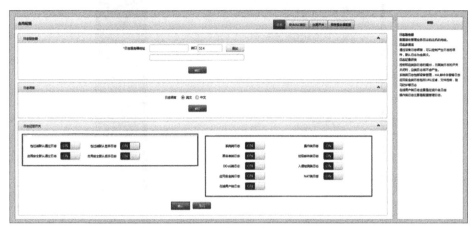

图 2-5　打开日志记录

（41）单击"全局开关"按钮。

（42）将"流量统计"全部打开，单击"确定"按钮。

【实验预期】

IDS 中接口可见 PC 访问的流量。

【实验结果】

（1）登录实验平台右下方的 Windows 7-3 实验机，如图 2-6 所示。

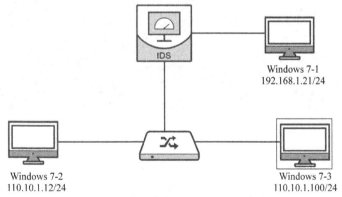

图 2-6　登录右下方的 Windows 7-3 实验机

（2）单击"开始"按钮，搜索 cmd，打开"cmd.exe"，如图 2-7 所示。

（3）在"命令提示符"界面中，输入命令"Ping 110.10.1.12"后按 Enter 键，成功向服务端发送 ICMP 数据包,如图 2-8 所示。

图 2-7　打开命令提示符

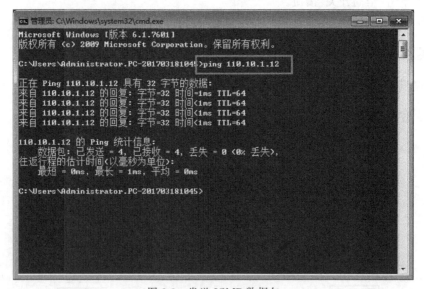

图 2-8　发送 ICMP 数据包

（4）在实验机 Windows 7-1 中打开浏览器,在地址栏中输入入侵防御系统产品的 IP 地址 https://192.168.1.70（以实际设备 IP 地址为准）,登录的用户名为 admin,密码为 admin,进入入侵防御系统的登录界面。选择面板上方导航栏中的"可视"→"流量监控"菜单命令,如图 2-9 所示。

（5）单击"接口统计"按钮,如图 2-10 所示。

（6）可见接口"Ge0/0/2"中有流量显示,如图 2-11 所示。

图 2-9　打开流量监控

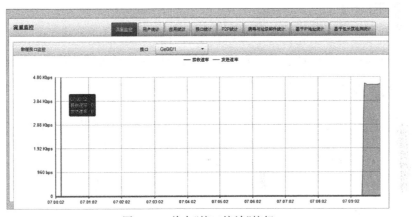

图 2-10　单击"接口统计"按钮

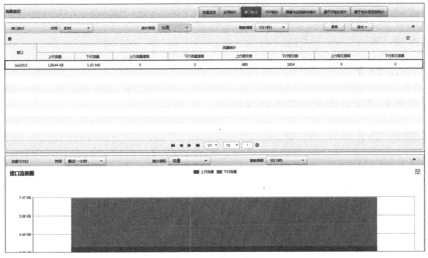

图 2-11　流量显示

【实验思考】

在接口配置中,如果不用 ids 模式,还能正常检测到结果吗?

2.2 入侵检测系统流量监控实验

【实验目的】

管理员通过对入侵检测系统的安全策略等进行配置,能够监控通过入侵检测系统的流量信息。

【知识点】

安全策略、流量监控、全局控制。

【场景描述】

A 公司的安全运维工程师小王接到其他部门的反馈,最近上网速度比较慢,小王想通过入侵检测系统进行流量监控和分析,请思考应如何分析入侵防系统的流量监控数据。

【实验原理】

IDS 的流量可视化模块将组织网络使用情况以可视化形式帮助管理员了解当前网络的运行情况,管理员可以直接查看接口流量统计图、当前应用流量 TOP10 等信息。这些功能可帮助网络管理员透视整个组织网络应用现状,及时发现当前网络中过度占用带宽的应用,合理调整带宽管理策略,保证重要应用业务带宽的优先级。

【实验设备】

安全设备:SecIDS 3600 入侵检测系统设备 1 台。
网络设备:交换机 1 台。
主机终端:Windows 7 主机 3 台。

【实验拓扑】

入侵检测系统流量监控实验拓扑图如图 2-12 所示。

【实验思路】

(1) 部署 IDS 网络。
(2) 配置安全策略。
(3) 查看流量使用情况。

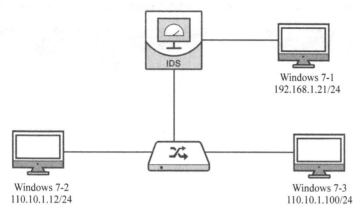

Windows 7-1
192.168.1.21/24

Windows 7-2
110.10.1.12/24

Windows 7-3
110.10.1.100/24

图 2-12 入侵检测系统流量监控实验拓扑图

【实验步骤】

（1）在 Windows 7-1 机器上打开浏览器，在地址栏中输入 SecIDS 3600 Web 登录界面地址 https://192.168.1.70（以实际设备 IP 地址为准），进入 SecIDS 3600 的登录界面。首次进入 IDS Web 界面需要在浏览器中单击"高级"按钮。

（2）单击后下拉浏览器右侧滚动条，单击"继续前往 192.168.1.70"按钮。

（3）确认安全例外后进入 IDS Web 登录界面，登录的用户名为 admin，密码为 admin，确认输入无误后单击"登录"按钮。

（4）将鼠标放到"网络"上，在显示的子菜单上单击"网络接口"按钮。

（5）双击端口名称"Ge0/0/2"。

（6）选中"IDS 模式启用"，单击"确定"按钮。

（7）将鼠标放到"资源"上，在显示的子菜单上单击"策略对象"按钮。

（8）单击"入侵特征对象"按钮。

（9）单击"添加"按钮。

（10）"入侵检测特征策略名称"填入 ids2，"请选择入侵检测模板"选择 ids，其他保持默认值，单击"确定"按钮。

（11）将鼠标放到"资源"上，在显示的子菜单上单击"资源对象"按钮，如图 2-13 所示。

（12）单击"添加"按钮。

（13）"名称"填写 test，"地址"选择"网段"，填写 110.10.1.0，"掩码"选择 255.255.255.0，其他配置保持不变，单击"确定"按钮。

（14）单击"应用组对象"按钮。

（15）单击"添加"按钮。

（16）"应用对象名称"填写为 app，"过滤条件"选择"或"，其他配置保持不变，单击"确定"按钮。

（17）将鼠标放到"策略"上，在显示的子菜单上单击"安全策略"按钮。

（18）单击"添加"按钮。

图 2-13　添加资源对象

（19）"策略名称"填写为 test，"源 IP 对象"选择 test，单击"应用"按钮。

（20）"应用对象"选择 app，单击"安全业务"按钮。

（21）"入侵检测"选择 ids2，单击"确定"按钮。

（22）将鼠标放到"管理"上，在显示的子菜单上单击"全局配置"按钮。

（23）将"日志记录"全部打开，单击"确定"按钮。

（24）单击"全局开关"按钮。

（25）将"流量统计"全部打开，单击"确定"按钮。

【实验预期】

IDS 中可见 PC 访问的流量访问情况。

【实验结果】

（1）登录实验平台右下方的 Windows 7-3 实验机，如图 2-14 所示。

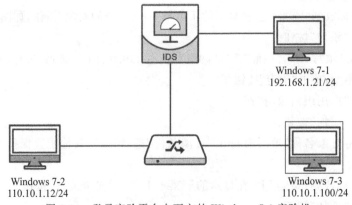

图 2-14　登录实验平台右下方的 Windows 7-3 实验机

（2）单击"开始"按钮，搜索 cmd，打开 cmd.exe。

（3）在"命令提示符"界面中，输入命令 Ping 110.10.1.12 后按 Enter 键，成功向服务端发送 ICMP 数据包。

（4）打开火狐浏览器，在地址栏中输入 110.10.1.12/phpinfo.php，如图 2-15 所示。

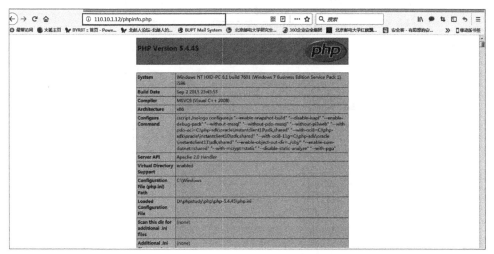

图 2-15　访问 Web 网页

（5）关闭火狐浏览器。单击"开始"按钮，搜索 mstsc，打开 mstsc.exe，如图 2-16 所示。

图 2-16　搜索 mstsc

（6）计算机名称填写为 110.10.1.12，单击"连接"按钮，如图 2-17 所示。

（7）选择 Guest 账户，密码填写 123456，单击"确定"按钮，如图 2-18 所示。

（8）单击"是（Y）"按钮，如图 2-19 所示。

图 2-17　远程连接计算机

图 2-18　输入账户信息

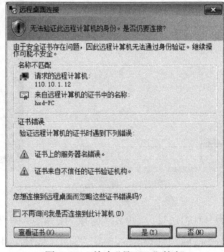

图 2-19　单击"是(Y)"按钮

（9）远程桌面连接计算机成功,如图 2-20 所示。

图 2-20　远程桌面连接计算机成功

（10）在实验机 Windows 7-1 中打开浏览器,在地址栏中输入入侵防御系统产品的 IP 地址 https://192.168.1.70（以实际设备 IP 地址为准）,登录的用户名为 admin,密码为 admin,进入入侵防御系统的登录界面。选择面板上方导航栏中的"可视"→"流量监控"菜单命令,如图 2-21 所示。

图 2-21　打开流量监控

（11）单击"应用统计"按钮,如图 2-22 所示。

（12）在流量监控面板中可以从应用名称、流量统计等方面看出流量统计的情况,如

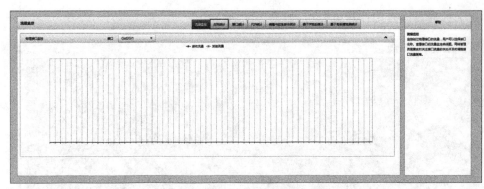

图 2-22　单击"应用统计"按钮

图 2-23 所示。

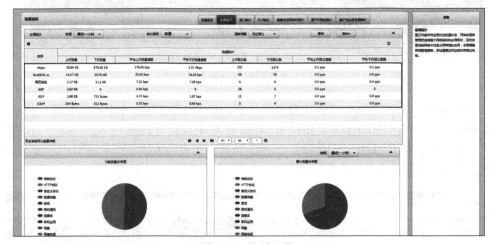

图 2-23　流量监控

（13）"时间"选择"最近一天"，可以查看一天内的流量统计情况，如图 2-24 所示。

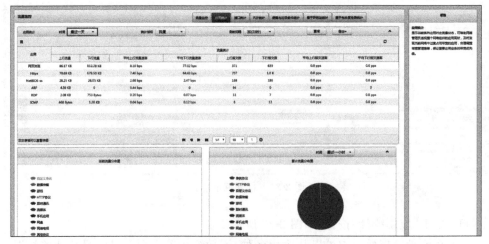

图 2-24　流量显示

（14）单击"查询"按钮，如图 2-25 所示。

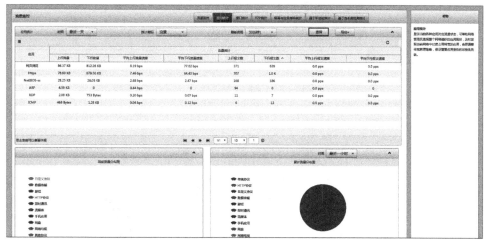

图 2-25　查询流量统计

（15）选中"应用名"为 RDP，双击 RDP，单击"查询"按钮，如图 2-26 所示。

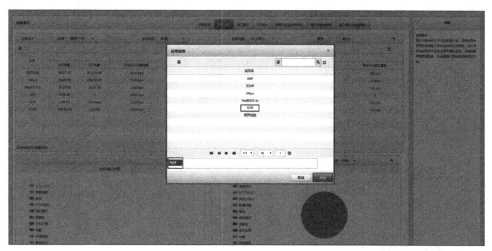

图 2-26　选择 RDP

（16）查看 RDP 流量的统计结果，如图 2-27 所示。

（17）下拉浏览器右侧滚动条，可见流量分布图，以及各种应用流量之间的比例。在应用流量图中可见使用流量最多的 5 种应用和其上行流量和下行流量的对比，如图 2-28 所示。

【实验思考】

查看使用流量最多的 10 个应用。

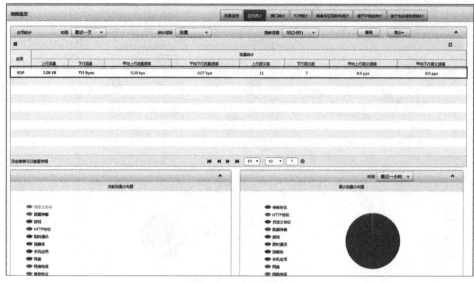

图 2-27　查看结果

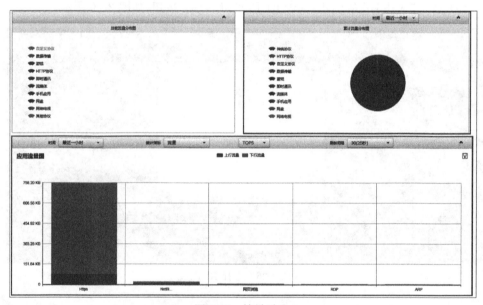

图 2-28　结果对比

2.3　入侵检测系统 SQL 注入攻击检测实验

【实验目的】

管理员通过对入侵检测系统的安全策略等进行配置,能够检测出通过入侵检测系统的 SQL 注入攻击。

【知识点】

安全策略、入侵检测、全局控制。

【场景描述】

A 公司的张经理通过安全咨询了解一旦服务器遭受 SQL 注入攻击,对公司服务器中的数据安全将产生严重的威胁,为了维护公司安全和利益,张经理要求安全运维工程师小王开启 SQL 注入攻击检测功能。请思考应如何配置入侵检测系统的 SQL 注入检测功能。

【实验原理】

所谓 SQL 注入,就是通过把 SQL 命令插入 Web 表单提交或输入域名或页面请求的查询字符串,最终达到欺骗服务器执行恶意的 SQL 命令。

IDS 的入侵检测模块可以及时发现并记录当前网络中的入侵行为。管理员可以通过可视化管理模块查看当前系统所有入侵事件的类型、攻击来源、事件使用的协议等信息,为用户提供当前网络入侵事件的详细信息,帮助管理员直观地了解最新安全状况。

【实验设备】

安全设备:SecIDS 3600 入侵检测系统设备 1 台。
网络设备:交换机 1 台。
主机终端:Windows 7 主机 3 台。

【实验拓扑】

入侵检测系统 SQL 注入攻击检测实验拓扑图如图 2-29 所示。

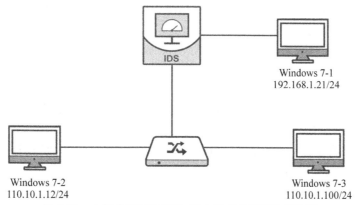

图 2-29　入侵检测系统 SQL 注入攻击检测实验拓扑图

【实验思路】

(1) 部署 IDS 网络。
(2) 配置安全策略。

（3）查看 IDS 事件监控。

【实验步骤】

（1）在 Windows 7-1 机器上打开浏览器，在地址栏中输入 SecIDS 3600 Web 登录界面地址 https://192.168.1.70（以实际设备 IP 地址为准），进入 SecIDS 3600 的登录界面。首次进入 IDS Web 界面需要在浏览器中单击"高级"按钮。

（2）单击后下拉浏览器右侧滚动条，再单击"继续前往 192.168.1.70"按钮。

（3）确认安全例外后进入 IDS Web 登录界面，登录的用户名为 admin，密码为 admin，确认输入无误后单击"登录"按钮。

（4）将鼠标放到"网络"上，在显示的子菜单上单击"网络接口"按钮。

（5）双击端口名称"Ge0/0/2"。

（6）选中"IDS 模式启用"，单击"确定"按钮，如图 2-30 所示。

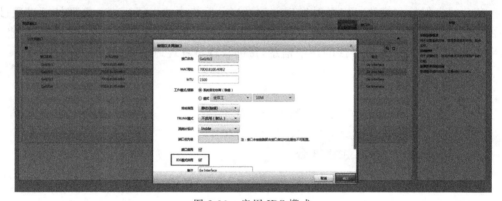

图 2-30　启用 IDS 模式

（7）将鼠标放到"资源"上，在显示的子菜单上单击"策略对象"按钮。

（8）单击"入侵特征对象"按钮。

（9）单击"添加"按钮。

（10）"入侵检测特征策略名称"填入 ids2，"请选择入侵检测模板"选择 ids，其他保持默认值，单击"确定"按钮。

（11）将鼠标放到"资源"上，在显示的子菜单上单击"资源对象"按钮。

（12）单击"添加"按钮。

（13）"名称"填写 test，"地址"选择"网段"，填写 110.10.1.0，"掩码"选择 255.255.255.0，其他配置保持不变，单击"确定"按钮。

（14）单击"应用组对象"按钮。

（15）单击"添加"按钮。

（16）"应用对象名称"填写为 app，"过滤条件"选择"或"，其他配置保持不变，单击"确定"按钮。

（17）将鼠标放到"策略"上，在显示的子菜单上单击"安全策略"按钮。

（18）单击"添加"按钮。

（19）"策略名称"填写为 test，"源 IP 对象"选择 test，单击"应用"按钮。

(20)"应用对象"选择 app,单击"安全业务"按钮。

(21)"入侵检测"选择 ids2,单击"确定"按钮。

(22)将鼠标放到"管理"上,在显示的子菜单上单击"全局配置"按钮。

(23)将"日志记录"全部打开,单击"确定"按钮。

(24)单击"全局开关"按钮。

(25)将"流量统计"全部打开,单击"确定"按钮。

【实验预期】

IDS 日志中可见 SQL 注入攻击。

【实验结果】

(1)登录实验平台右下方的 Windows 7-3 实验机,如图 2-31 所示。

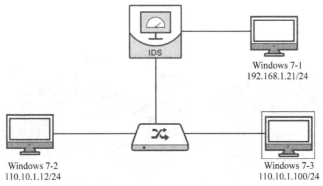

图 2-31　登录实验平台右下方的 Windows 7-3 实验机

(2)进入目录 C:\Python27\sqlmap,打开可执行文件 cmd.exe,如图 2-32 所示。

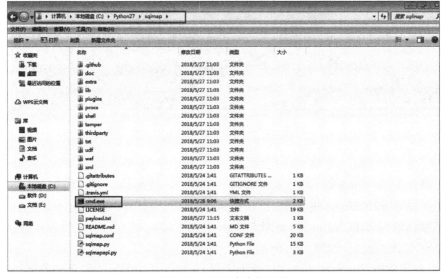

图 2-32　打开命令提示符

（3）在"命令提示符"界面中输入命令 sqlmap.py -r "payload.txt" -p password -dbs 后按 Enter 键,如图 2-33 所示。

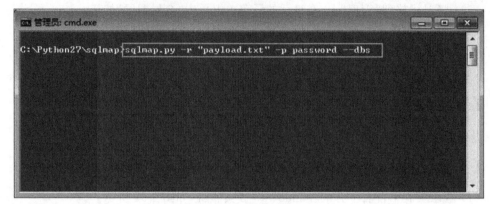

图 2-33　输入命令

（4）输入 y,按 Enter 键,如图 2-34 所示。

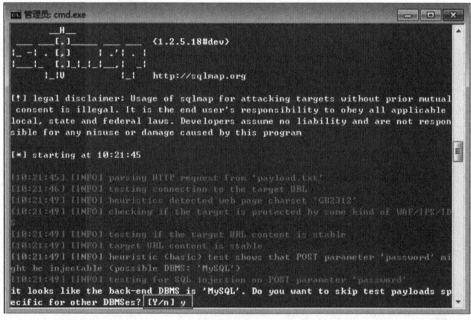

图 2-34　输入 y

（5）再输入 y,按 Enter 键,如图 2-35 所示。

（6）输入 n,按 Enter 键,如图 2-36 所示。

（7）再输入 n,按 Enter 键,如图 2-37 所示。

（8）继续输入 n,按 Enter 键,如图 2-38 所示。

（9）SQL 注入成功,如图 2-39 所示。

（10）在实验机 Windows 7-1 中打开浏览器,在地址栏中输入入侵防御系统产品的 IP

```
管理员: cmd.exe
|_ -!  . [.]            |  .'|  . |
|___|   [.]_|_|_|__,_|  |_|
      |_!U              |_|  http://sqlmap.org

[!] legal disclaimer: Usage of sqlmap for attacking targets without prior mutual
 consent is illegal. It is the end user's responsibility to obey all applicable
local, state and federal laws. Developers assume no liability and are not respon
sible for any misuse or damage caused by this program

[*] starting at 10:21:45

[10:21:45] [INFO] parsing HTTP request from 'payload.txt'
[10:21:46] [INFO] testing connection to the target URL
[10:21:49] [INFO] heuristics detected web page charset 'GB2312'
[10:21:49] [INFO] checking if the target is protected by some kind of WAF/IPS/ID
S
[10:21:49] [INFO] testing if the target URL content is stable
[10:21:49] [INFO] target URL content is stable
[10:21:49] [INFO] heuristic (basic) test shows that POST parameter 'password' mi
ght be injectable (possible DBMS: 'MySQL')
[10:21:49] [INFO] testing for SQL injection on POST parameter 'password'
it looks like the back-end DBMS is 'MySQL'. Do you want to skip test payloads sp
ecific for other DBMSes? [Y/n] y
for the remaining tests, do you want to include all tests for 'MySQL' extending
provided level (1) and risk (1) values? [Y/n] y
```

图 2-35　再输入 y

```
管理员: cmd.exe
[10:21:56] [INFO] testing 'MySQL >= 5.1 error-based - Parameter replace (EXTRACT
VALUE)'
[10:21:56] [INFO] testing 'MySQL inline queries'
[10:21:56] [INFO] testing 'MySQL > 5.0.11 stacked queries (comment)'
[10:21:56] [INFO] testing 'MySQL > 5.0.11 stacked queries'
[10:21:56] [INFO] testing 'MySQL > 5.0.11 stacked queries (query SLEEP - comment
)'
[10:21:56] [INFO] testing 'MySQL > 5.0.11 stacked queries (query SLEEP)'
[10:21:56] [INFO] testing 'MySQL < 5.0.12 stacked queries (heavy query - comment
)'
[10:21:56] [INFO] testing 'MySQL < 5.0.12 stacked queries (heavy query)'
[10:21:56] [INFO] testing 'MySQL > 5.0.12 AND time-based blind'
[10:21:56] [INFO] testing 'MySQL >= 5.0.12 OR time-based blind'
[10:22:06] [INFO] POST parameter 'password' appears to be 'MySQL >= 5.0.12 OR ti
me-based blind' injectable
[10:22:06] [INFO] testing 'Generic UNION query (NULL) - 1 to 20 columns'
[10:22:06] [INFO] testing 'MySQL UNION query (NULL) - 1 to 20 columns'
[10:22:06] [INFO] automatically extending ranges for UNION query injection techn
ique tests as there is at least one other (potential) technique found
[10:22:06] [INFO] 'ORDER BY' technique appears to be usable. This should reduce
the time needed to find the right number of query columns. Automatically extendi
ng the range for current UNION query injection technique test
[10:22:06] [INFO] target URL appears to have 3 columns in query
injection not exploitable with NULL values. Do you want to try with a random int
eger value for option '--union-char'? [Y/n] n
```

图 2-36　输入 n

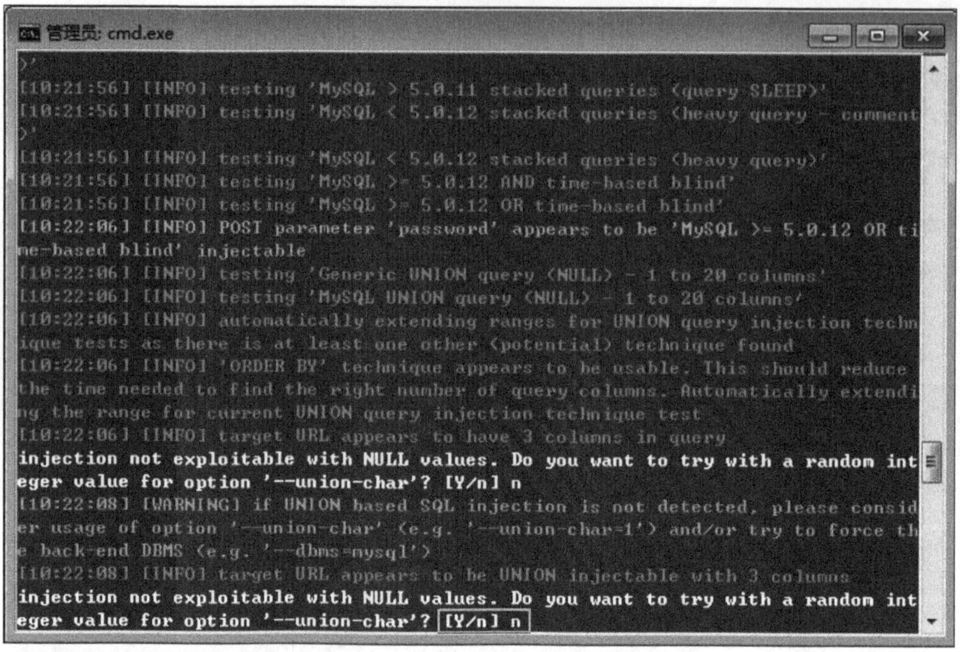

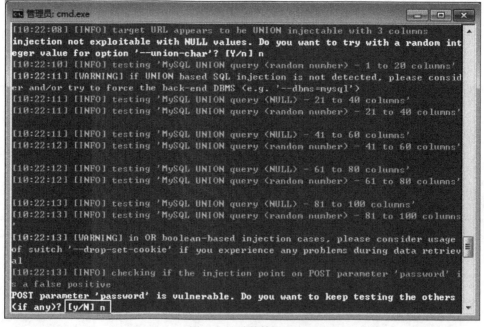

图 2-37　再输入 n

图 2-38　继续输入 n

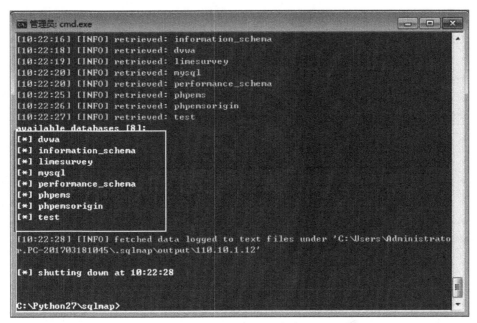

图 2-39　SQL 注入成功

地址 https://192.168.1.70(以实际设备 IP 地址为准),登录的用户名为 admin,密码为 admin,进入入侵防御系统的登录界面。选择面板上方导航栏中的"可视"→"事件监控"菜单命令,如图 2-40 所示。

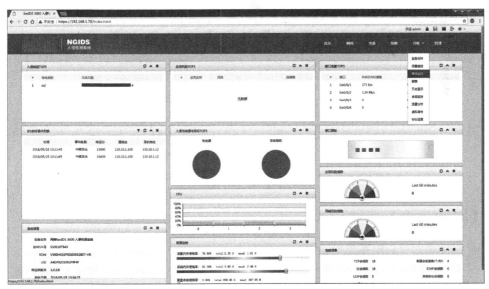

图 2-40　打开事件监控

(11) 在事件监控面板中可以看到检测出了 SQL 注入攻击,如图 2-41 所示。

(12) 在 IDS 事件列表面板中可以看到 IDS 事件的发起时间、事件名称、事件级别、源

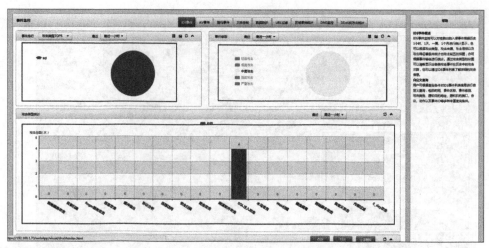

图 2-41　查看统计

地址和目的地址等情况,如图 2-42 所示。

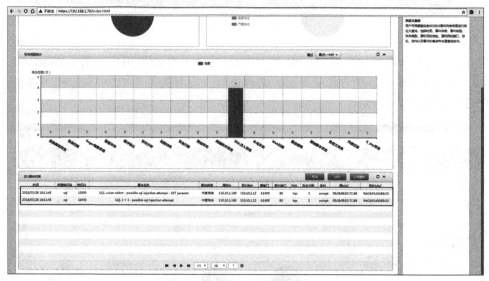

图 2-42　查看 IDS 事件列表

【实验思考】

尝试使用入侵检测系统导出 IDS 事件列表。

第3章 入侵防御系统功能配置

入侵防御系统将深度内容检测、安全防护、应用识别管理等技术完美地结合在一起，配合定期更新的入侵攻击特征库，可检测包括探测与扫描、溢出攻击、DDoS攻击、SQL注入、可疑代码、蠕虫、木马、间谍软件等各种网络威胁并进行细粒度的处置。本章主要完成入侵防御系统的功能配置，包括基于时间管理的应用组管理实验、敏感数据管控、URL管控、安全防御管控、邮件管控和DDoS防护的配置等。完成这些配置项以后，入侵防御系统就能发挥作用。

3.1 入侵防御系统配置向导实验

【实验目的】

通过入侵防御系统的配置向导，实现基本防护功能的快速系统部署。

【知识点】

DDoS、资源对象、策略对象、安全策略。

【场景描述】

A公司的安全运维工程师小王需要配置公司分部新购置的一台入侵防御系统设备，小王计划使用入侵防御设备中的配置向导功能将设备配置成初步可以使用的设备，请思考应如何设置入侵防御系统的配置向导功能。

【实验原理】

通过配置向导，可以使得用户通过一站式配置：网络配置、地址对象、应用识别，DDoS防护，"IDS/IPS"，内容安全以及流量可视等功能。主要用于帮助首次接触设备的用户快速配置IDS和IPS功能，能够快速将设备部署使用。

【实验设备】

安全设备：SecIPS 3600入侵防御系统设备1台。

网络设备：路由器1台。

主机终端：Windows 2003 SP2主机1台，Windows XP主机1台，Windows 7主机1台。

【实验拓扑】

入侵防御系统功能配置拓扑图如图 3-1 所示。

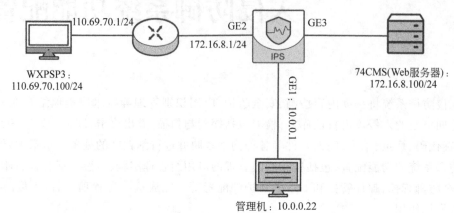

图 3-1 入侵防御系统功能配置拓扑图

【实验思路】

(1) 使用配置向导完成基本设置。

(2) 外网用户可以正常访问内网服务器网页。

【实验步骤】

(1) 在管理机中打开浏览器,在地址栏中输入入侵防御系统产品的 IP 地址 https://10.0.0.1(以实际设备 IP 地址为准),进入入侵防御系统的登录界面。输入管理员的用户名 admin 和密码!1fw@2soc#3vpn 登录入侵防御系统。

(2) 单击"登录"按钮后,会弹出修改出厂原始密码的提示框,单击"取消"按钮。

(3) 登录入侵防御系统设备后,会显示入侵防御系统的面板界面。

(4) 选择面板上方导航栏中的"策略"→"配置向导"菜单命令。

(5) 在弹出的"IPS 配置向导"界面,左侧显示配置进度条,右侧显示配置向导的相关描述,单击"下一步"按钮。

(6) 进入"桥接口配置"界面,在"策略名称"中输入 simple,在"配置逻辑接口"一栏中,"绑定内网接口"选择 Ge0/0/3,"绑定外网接口"选择 Ge0/0/2,其他参数保持默认值,如图 3-2 所示。

(7) 确认信息无误后,单击"下一步"按钮,进入"地址区域流"配置界面,使用配置向导是为初步部署使用的,因此先配置一个全网段的地址,之后依照实际安全需求再进行调整。在"请选择源/目的 IP"一栏中,"源 IP""目的 IP"均填入 0.0.0.0,掩码均选择 0.0.0.0,其他参数保持默认值。

(8) 单击"下一步"按钮,进入"应用识别"界面,选中"HTTP 协议""传统协议"。

(9) 单击"下一步"按钮,进入 IPS 界面,"请选择 IPS 模板"选择 ips,即使用入侵防御

图 3-2　桥接口配置

系统默认的 IPS 模板。

（10）单击"下一步"按钮，进入"DDoS 配置"界面，除"挂马防护"外，选中全部选项，其中"防护 ARP 洪水""防护 ICMP 洪水"后的阈值均填写 10。

（11）单击"下一步"按钮，进入"内容安全"界面，"关键字过滤""URL 过滤"功能不配置内容。

（12）单击"下一步"按钮，进入"可视"配置界面，保留默认的全部统计开关开启状态。

（13）单击"下一步"按钮，进入"概览"界面，可浏览之前步骤中配置的参数。

（14）确认信息无误后，单击"确定"按钮，完成配置向导。配置向导在入侵防御系统中将各步骤中配置的信息进行匹配。选择上方导航栏中的"网络"→"网络接口"菜单命令。

（15）进入"网络接口"界面中，双击"以太网接口"中的 Ge0/0/2 接口。

（16）在弹出的"编辑以太网接口"界面中，显示该接口的相关信息，可见 GE2 接口的"流统计标识"已设置为 outside。

（17）单击"取消"按钮返回"网络接口"界面，双击其中的 Ge0/0/3 接口。

（18）在弹出的"编辑以太网接口"界面中，显示该接口的相关信息，可见 GE3 接口的"流统计标识"已设置为 inside。

（19）单击"取消"按钮返回"网络接口"界面，在"逻辑桥接口"界面中，可见由配置向导配置的逻辑桥信息（配置向导生成的桥 ID 号为随机生成，以实际生成桥 ID 号为准）。

（20）双击该逻辑桥，在弹出的"编辑逻辑桥接口"界面中可见其配置信息。

（21）单击"取消"按钮返回"网络接口"界面，选择上方导航栏中的"资源"→"资源对象"菜单命令。

（22）在"资源对象"界面中的"地址资源"标签页中，在"地址对象"一栏可见由配置向导生成的两个地址对象 w_sou_simple、w_des_simple，分别表示源 IP 地址和目的 IP 地址。

（23）单击"资源对象"界面中的"应用组对象"标签页，可见配置向导生成的 w_app_simple 对象。

（24）双击 w_app_simple 对象，在弹出的"应用协议配置"界面中的"基于协议树配置"标签页中，可见配置向导中配置的"HTTP 协议"和"传统协议"已选中。

（25）单击"取消"按钮返回"资源对象"界面，选择上方导航栏中的"资源"→"策略对象"菜单命令。

（26）在"策略对象"界面中，单击"入侵特征对象"标签页。

（27）在"特征策略"界面中，可见配置向导生成的 w_ips_simple 特征策略规则，其采用的模板类型是系统自带 ips。

（28）双击 w_ips_simple 策略，在弹出的"编辑 IPS 策略"界面中可见该策略的相关信息。

（29）单击"取消"按钮返回"策略对象"界面，再选择上方导航栏中的"策略"→"安全策略"菜单命令。

（30）在"安全策略"界面中，可见配置向导生成的 w_pol_simple 策略。

（31）双击 w_pol_simple 策略对象，在弹出的"编辑策略"界面中，"源"标签页中的"源 IP 对象"为配置向导创建的 w_sou_simple。

（32）单击"目的"标签页，可见"目的 IP 对象"为配置向导生成的 w_des_simple 对象。

（33）单击"应用"标签页，可见"应用对象"为配置向导生成的 w_app_simple。

（34）单击"安全业务"标签页，可见"入侵防护"为配置向导生成的 w_ips_simple。

（35）单击"取消"按钮返回"安全策略"界面，选择上方导航栏中的"策略"→"DDoS 防护"菜单命令，如图 3-3 所示。

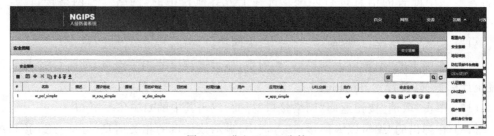

图 3-3　进入 DDoS 防护

（36）在"DDoS 防护"界面中，可见配置向导将"IP 和网络层防护""IP 层欺骗""ARP 防护"的所有选项已选中，并在"防护 ICMP 洪水"和"防护 ARP 洪水"后的阈值框内设置阈值均为 10。

（37）选择上方导航栏中的"管理"→"全局配置"菜单命令。

（38）在"全局配置"界面中，单击"全局开关"标签页。

（39）在"全局开关"界面的"流量统计"中，可见相关功能已全部开启。

（40）至此，入侵防御系统由配置向导生成的基本设置配置完成。

【实验预期】

外网用户可正常访问内网服务器网页。

【实验结果】

（1）登录实验平台对应实验拓扑左侧标红框的 WXPSP3 虚拟机，如图 3-4 所示。

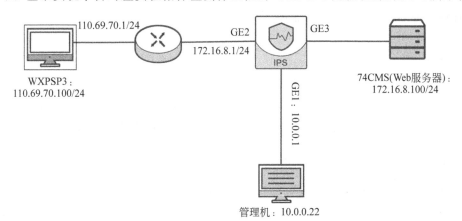

图 3-4　登录左侧的 WXPSP3 虚拟机

（2）双击虚拟机桌面中的火狐浏览器快捷方式，运行火狐浏览器。

（3）在浏览器的地址栏中输入内网服务器的 IP 地址 172.16.8.100，可正常浏览网页信息，表明服务器及网络工作正常，如图 3-5 所示。

图 3-5　访问服务器网页

（4）入侵防御系统通过配置向导实现对入侵防御设备的快速配置，满足基本的使用要求，达到实验预期。

【实验思考】

使用配置向导是否可实现入侵防御系统全部功能的配置？

3.2 入侵防御系统基于时间管理的应用组管理实验

【实验目的】

基于不同地址资源设定的不同应用组对象对入侵防御系统配置不同的安全策略加强信息系统的监管。

【知识点】

地址资源、应用组对象、安全策略。

【场景描述】

A 公司为加强公司信息系统监管,满足不同部门的上网需求,需要将各部门对应的地址段设定不同的应用对象,在特定的时间段内,不允许某个部门访问某个应用,安全运维工程师小王需要配置入侵防御系统的地址资源、应用组对象,设置配套的安全策略。

【实验原理】

地址资源管理将 IP 地址简化为地址对象和地址组对象,将 IP 地址段简化为地址池。应用组对象管理将已存在(可识别)的应用组合成应用组对象,还可以通过类别、子类别、风险级别、应用特性、应用技术等过滤条件进行组合,对于部分应用,还可以配置账号。基于时间管理的应用组管理,可以满足信息系统内不同的需求。

【实验设备】

安全设备:SecIPS 3600 入侵防御系统设备 1 台。
网络设备:路由器 1 台,交换机 1 台。
主机终端:Windows 2003 SP2 主机 1 台,Windows XP SP3 主机 2 台,Windows 7 主机 1 台。

【实验拓扑】

入侵防御系统基于时间管理的应用组管理实验拓扑图如图 3-6 所示。

【实验思路】

(1) 配置桥接口。
(2) 创建地址对象。
(3) 创建时间对象。
(4) 创建应用组对象。
(5) 创建新的安全策略并应用。

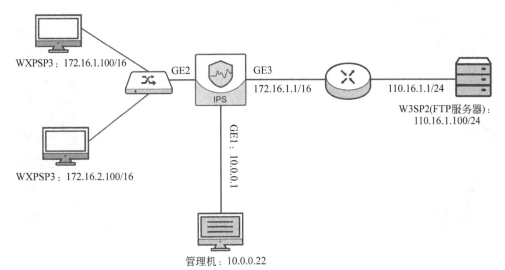

图 3-6 入侵防御系统基于时间管理的应用组管理实验拓扑图

【实验步骤】

(1) 在管理机中打开浏览器,在地址栏中输入入侵防御系统产品的 IP 地址 https://10.0.0.1(以实际设备 IP 地址为准),进入入侵防御系统的登录界面。输入管理员用户名 admin 和密码 admin 登录入侵防御系统。

(2) 在弹出的提示修改密码界面单击"取消"按钮。

(3) 登录入侵防御系统设备后,会显示入侵防御系统的面板界面。

(4) 选择面板上方导航栏中的"网络"→"网络接口"菜单命令。

(5) 在"网络接口"界面中找到"逻辑桥接口"部分,单击"+"按钮创建新的逻辑桥。

(6) 在"+"界面,输入"桥接口 ID"为 10,勾选"启用桥接口","绑定接口"选择"Ge0/0/2,Ge0/0/3"。

(7) 选择面板上方导航栏中的"资源"→"资源对象"菜单命令。

(8) 在"资源对象"界面,单击"地址资源"的"+" 按钮,增加地址对象。

(9) 在"+"界面,输入"名称"为 tech,选中"网段","地址框"中输入 172.16.1.0,"子网掩码"选择 255.255.255.0。

(10) 在"+"界面,输入"名称"为 mon,选中"网段","地址框"中输入 172.16.2.0,"子网掩码"选择 255.255.255.0。

(11) 在"+"界面,输入"名称"为 any,选中"网段","地址框"中输入 0.0.0.0,"子网掩码"选择 0.0.0.0。

(12) 在"资源对象"界面,选择"应用组对象",单击"+"按钮创建新的应用组对象。

(13) 在"+"界面,"应用对象名称"输入 noftp,"过滤条件"选择"或",选中"基于协议树配置"下的"传统协议"里的 FTP。

(14) 确认信息无误后,单击"确定"按钮,如图 3-7 所示。

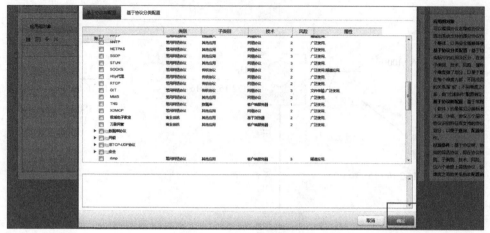

图 3-7　创建应用组对象

（15）在"资源对象"界面，选择"时间对象"，单击"＋"按钮创建新的时间对象。

（16）在"＋"界面，"名称"输入 nof，"调度方式"选择"一次性调度"，"起始时间"选择"2018/01/07 14：51：36"，"终止时间"选择"2018/01/10 14：51：46"（以实际情况为准）。

（17）选择面板上方导航栏中的"策略"→"安全策略"菜单命令，如图 3-8 所示。

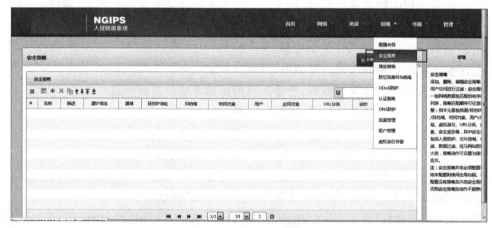

图 3-8　打开"安全策略"

（18）在"安全策略"界面，单击"＋"按钮，增加安全策略。

（19）在"新建策略"界面，输入"策略名称"为 noftp，"源"下的"源 IP 对象"选择 mon。

（20）在"新建策略"界面，单击"目的"按钮，在"目的 IP 对象"下选择 any。

（21）在"新建策略"界面，单击"时间对象"，"时间对象"下的"时间对象"选择 nof。

（22）在"新建策略"界面，单击"应用"按钮，选择"应用对象"为 noftp。

（23）在"新建策略"界面，单击"动作"按钮，选中"操作"选项的"丢弃"。

【实验预期】

配置应用新的安全策略后，财务部（对应的地址对象 mon）在工作时间内不可使用

FTP 相关的应用,而技术部(对应的地址对象 tech)不受影响,可以使用 FTP 相关应用。

【实验结果】

(1) 登录实验平台对应实验拓扑左上侧的 WXPSP3 虚拟机(代表技术部 tech 的虚拟机网段为"172.16.1.*"),如图 3-9 所示。

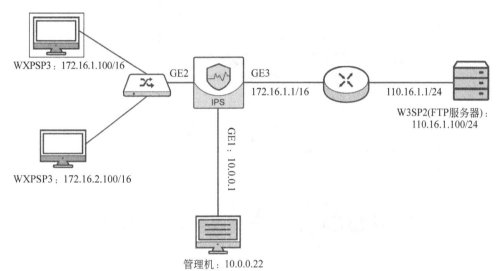

图 3-9　登录左上侧的 WXPSP3 虚拟机

(2) 双击虚拟机桌面上的"我的电脑"。

(3) 在地址栏输入 ftp://110.16.1.100,确认无误后按 Enter 键使用 FTP 服务,如图 3-10 所示。

图 3-10　使用 FTP 服务

（4）可以使用 FTP 服务，"用户名"ftpuser 和"密码"123456 连接 FTP 服务器，确认信息无误后单击"登录"按钮，如图 3-11 所示。

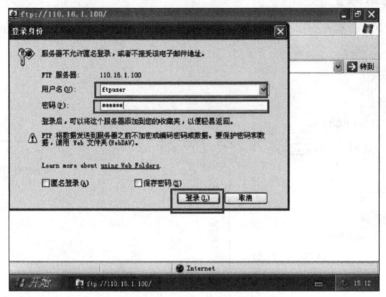

图 3-11　连接 FTP 服务器

（5）成功访问 FTP 服务器，符合预期，如图 3-12 所示。

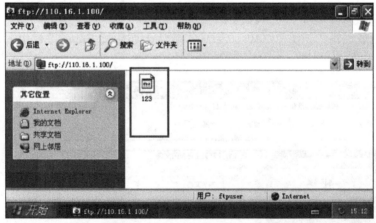

图 3-12　成功访问 FTP 服务器

（6）登录实验平台对应实验拓扑左下侧的 WXPSP3 虚拟机（代表财务部 mon 的虚拟机网段为"172.16.2.＊"），如图 3-13 所示。

（7）双击虚拟机桌面上的"我的电脑"。

（8）在地址栏输入 ftp：//110.16.1.100，确认无误后按 Enter 键使用 FTP 服务。如图 3-14 所示。

（9）不能访问 FTP 服务器，符合预期，如图 3-15 所示。

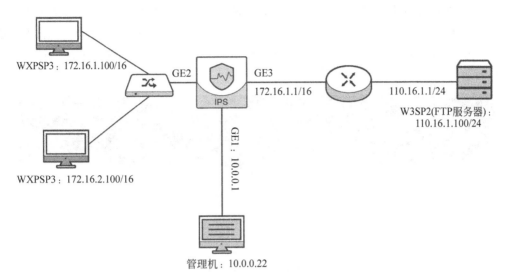

WXPSP3：172.16.1.100/16

GE2　　IPS　　GE3
172.16.1.1/16

110.16.1.1/24

W3SP2(FTP服务器)：
110.16.1.100/24

WXPSP3：172.16.2.100/16

GE1：10.0.0.1

管理机：10.0.0.22

图 3-13　登录左下侧的 WXPSP3 虚拟机

图 3-14　再次使用 FTP 服务

图 3-15　不能访问 FTP 服务器

(10) 在管理机中打开浏览器,在地址栏中输入 SecIPS 3600 Web 登录界面地址 https://10.0.0.1(以实际设备 IP 地址为准),进入 SecIPS 3600 的登录界面,输入管理员用户名 admin 和密码 admin,单击"登录"按钮,登录 SecIPS 3600 Web 页面,如图 3-16 所示。

图 3-16　入侵防御系统登录界面

(11) 在弹出的提示修改密码界面单击"取消"按钮,如图 3-17 所示。

图 3-17　提示修改密码

(12) 选择面板上方导航栏中的"策略"→"安全策略"菜单命令,如图 3-18 所示。

(13) 双击已经建立的策略 noftp,如图 3-19 所示。

(14) 在弹出的编辑策略界面选择时间对象部分,将时间对象设定为无,单击"确定"按钮,如图 3-20 所示。

(15) 在"动作"标签页的"操作"中,选中"接受"选项,单击"确定"按钮,如图 3-21 所示。

(16) 登录实验平台对应实验拓扑左下侧的 WXPSP3 虚拟机(代表财务部 mon 的虚

图 3-18　安全策略

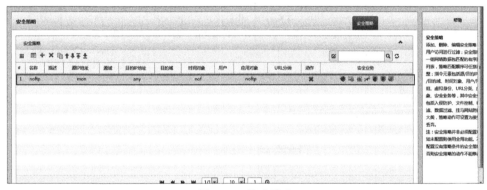

图 3-19　修改策略

图 3-20　删除时间对象

拟机网段为"172.16.2.＊"),如图 3-22 所示。

(17) 双击虚拟机桌面上的"我的电脑"。

(18) 在地址栏输入 ftp：//110.16.1.100,确认无误后按 Enter 键使用 FTP 服务,如图 3-23 所示。

图 3-21　调整动作策略

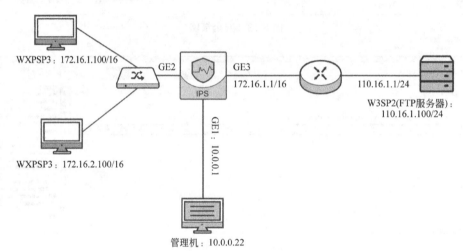

图 3-22　再次登录左下侧的 WXPSP3 虚拟机

图 3-23　继续使用 FTP 服务

（19）成功访问 FTP 服务器,符合预期,如图 3-24 所示。

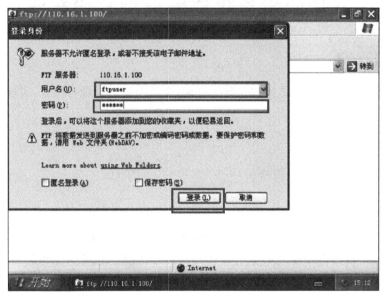

图 3-24　成功访问 FTP 服务器

（20）成功访问到 FTP 具体内容,如图 3-25 所示。

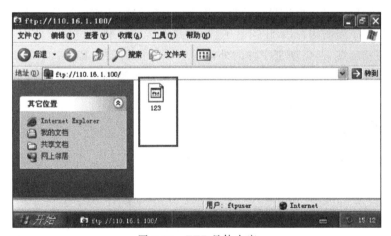

图 3-25　FTP 具体内容

（21）综上所述,配置好新的安全策略后,成功地对不同的地址对象进行了管制,符合预期。

【实验思考】

（1）如果不同的地址对象因为特殊情况需要使用被禁止的服务该怎么办?

（2）能否通过使用时长对地址对象进行限制?

3.3 入侵防御系统敏感数据管控实验

【实验目的】

管理员通过对入侵防御系统的关键字对象、文件控制对象进行配置,实现对敏感数据的管控。

【知识点】

网址过滤、URL 类、安全策略。

【场景描述】

A 公司为保护公司信息资产,要求对公司网络中传输的数据进行过滤,避免敏感、机密数据的非法传输。张经理要求安全运维工程师小王在入侵防御设备中配置对敏感信息、文件的过滤功能,实现对敏感数据的管控。请思考应如何对入侵防御系统进行配置实现对敏感数据的管控。

【实验原理】

关键字过滤用于对用户流量的关键字检查,避免敏感、机密数据的非法传输。

文件控制用于限制用户以 HTTP、FTP 方式上传或下载特定格式的文件,以确保员工工作环境的安全性、避免涉密文件的外流等。该功能目前支持 mp3、mp4、msdoc、ms-docx、pdf、rar、flv、tgz、avi、rmvb、exe、zip 这 12 种文件类型的过滤,并支持过滤动作可配方式。

【实验设备】

安全设备:SecIPS 3600 入侵防御系统设备 1 台。

网络设备:路由器 1 台。

主机终端:Windows 2003 SP2 主机 1 台,Windows XP SP3 主机 1 台,Windows 7 主机 1 台。

【实验拓扑】

入侵防御系统敏感数据管控实验拓扑图如图 3-26 所示。

【实验思路】

(1) 配置桥接口。

(2) 配置网络接口。

(3) 配置关键字对象。

(4) 配置文件控制对象。

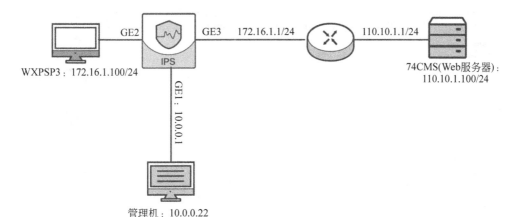

图 3-26　入侵防御系统敏感数据管控实验拓扑图

（5）配置安全策略。

【实验步骤】

（1）在管理机中打开浏览器，在地址栏中输入入侵防御系统产品的 IP 地址 https://10.0.0.1（以实际设备 IP 地址为准），进入入侵防御系统的登录界面。输入管理员用户名 admin 和密码 admin 登录入侵防御系统。

（2）当弹出修改密码的窗口时，单击"取消"按钮。

（3）登录入侵防御系统设备后，会显示入侵防御系统的面板界面。

（4）选择面板上方导航栏中的"网络"→"网络接口"菜单命令。

（5）在"网络接口"界面，单击"逻辑桥接口"的"＋"按钮，增加桥接口。

（6）在"编辑逻辑桥接口"界面，输入"桥接口 ID"为 1，选中"启用桥接口"右侧的方框，"绑定接口"选择"Ge0/0/2，Ge0/0/3"。

（7）单击"确定"按钮，返回到"网络接口"界面，可见成功增加的桥接口。

（8）在"网络接口"界面，双击"以太网接口"的 Ge0/0/2。

（9）在"编辑以太网接口"界面，"流统计标识"选择 inside，其他保持默认配置。

（10）单击"确定"按钮，返回到"网络接口"界面，再双击"以太网接口"的 Ge0/0/3，在弹出的"编辑以太网接口"界面中，"流统计标识"选择 outside，其他保持默认配置。

（11）单击"确定"按钮，返回到"网络接口"界面，可见配置成功的以太网接口。

（12）选择面板上方导航栏中的"资源"→"资源对象"菜单命令。

（13）在"资源对象"界面，单击"地址对象"的"＋"按钮，增加地址对象，如图 3-27 所示。

（14）在"地址对象维护"界面，输入"名称"为"地址 1"，"地址"下一行设置 172.16.1.0、255.255.255.0，其他保持默认配置。

（15）单击"确定"按钮，返回到"资源对象"界面。单击"地址对象"的"＋"按钮，增加地址对象。

（16）在"地址对象维护"界面，输入"名称"为"地址 2"，"地址"下一行设置 110.10.1.0、

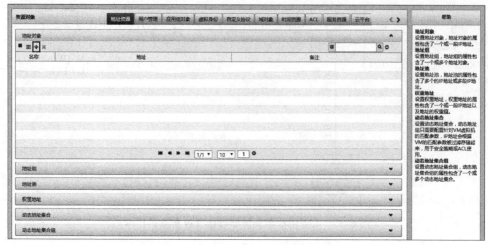

图 3-27　增加地址对象

255.255.255.0,其他保持默认配置。

（17）单击"确定"按钮,返回到"资源对象"界面,可见成功增加的地址对象。

（18）选择面板上方导航栏中的"资源"→"策略对象"菜单命令。

（19）在"策略对象"的"关键字过滤"中单击"+"按钮,增加关键字对象。

（20）在"新建关键字过滤"界面,输入"关键字过滤名称"为 key_value,"字符串"为 treasure,"动作"选择"丢弃",其他保持默认配置。

（21）单击界面上的"添加"按钮,成功将关键字添加到"关键字列表"中。

（22）单击"确定"按钮后返回"策略对象"列表,可见添加的关键字过滤对象。单击 "策略对象"面板上方导航栏中的"文件控制"。

（23）在"文件控制"界面,单击"+"按钮,增加文件控制对象。

（24）在"新建文件控制"界面,输入"文件控制名称"为 ftp_control,选中"FTP 下载" 右侧的"配置"。

（25）"FTP 下载"选择 zip,选中"丢弃"。

（26）单击"确定"按钮,在"文件控制"标签页中显示添加的文件控制对象,成功添加 文件控制对象。

（27）选择面板上方导航栏中的"策略"→"安全策略"菜单命令。

（28）在"安全策略"界面,单击"安全策略"的"+"按钮,增加安全策略。

（29）在"新建策略"界面,输入"策略名称"为 policy1,在"策略条件"的"源"中,"源 IP 对象"选择"地址 1",其他保持默认配置。

（30）单击"策略条件"的"目的"按钮,"目的 IP 对象"选择"地址 2",其他保持默认配置。

（31）单击"安全业务"按钮,"文件控制"选择 ftp_control,"数据过滤"选择 key_value。

（32）单击"策略条件"的"动作"按钮,选中"操作"的"接受"。

（33）单击"确定"按钮,返回到"安全策略"界面,可见成功增加的安全策略。

（34）选择面板左侧导航栏中的"管理"→"全局配置"菜单命令。

（35）在"全局配置"界面,确保"日志记录开关"的所有选项都处于 ON 状态,其他保持默认配置。

（36）单击"确定"按钮,保存配置。单击"全局配置"上方导航栏中的"全局开关"按钮。

（37）在"全局开关"界面,保证"流量统计""默认包策略""日志聚合功能"的所有选项和"应用识别"都处于 ON 状态,其他保持默认配置。

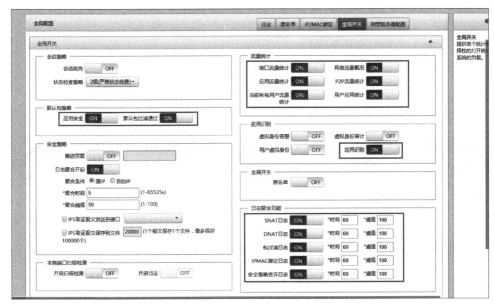

图 3-28　编辑"全局开关"

（38）单击"确定"按钮,保存配置,配置完毕。

【实验预期】

（1）PC 不能访问包含关键字的网页。

（2）PC 不能下载 ZIP 类型的文件。

【实验结果】

1. PC 不能访问包含关键字的网页

（1）登录实验平台对应实验拓扑左侧的 WXPSP3 虚拟机,进入 PC,如图 3-29 所示。

（2）在 WXPSP3 虚拟机中,双击桌面上的 Mozilla Firefox,打开火狐浏览器。

（3）在火狐浏览器的地址栏输入 110.10.1.100 后按 Enter 键,不能成功访问网站（如可以访问网站,或许是设备的设置没有生效,将 IPS 设备的"安全策略"选择为"丢弃"后再重新选择"接受"）,如图 3-30 所示。

（4）重新登录设备。选择面板上方导航栏中的"策略"→"安全策略"菜单命令。

（5）在"安全策略"界面中,单击红框图标"数据过滤"按钮。

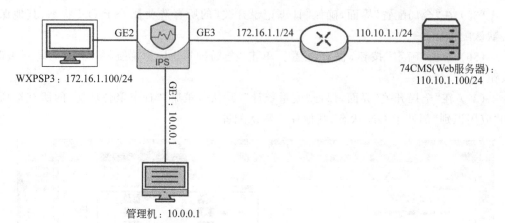

GE2　GE3　172.16.1.1/24　110.10.1.1/24

IPS

WXPSP3：172.16.1.100/24

GE1：10.0.0.1

74CMS(Web服务器)：
110.10.1.100/24

管理机：10.0.0.1

图 3-29　登录实验平台左侧的 WXPSP3 虚拟机

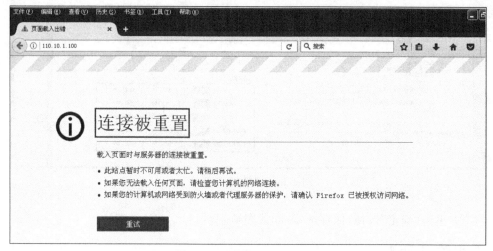

图 3-30　访问 Web 网站失败

（6）在"编辑数据过滤"界面中，"数据过滤"选择空，如图 3-31 所示。

图 3-31　编辑数据过滤对象

（7）单击"确定"按钮，保存配置。重新在实验拓扑左侧的 WXPSP3 中登录 110.10.1.100，成功访问包含关键字的页面，符合预期，如图 3-32 所示。

图 3-32　成功登录网站

2. PC 不能下载 ZIP 类型的文件

（1）登录实验平台对应实验拓扑右侧的 74CMS。在服务器中，双击标红框的 FTP 服务器图标，如图 3-33 所示。

图 3-33　打开 FTP 界面

（2）在"简单 FTP Server"界面中，保证选中"开机启动""下载文件""上传文件""删除文件""文件改名"和"新建目录"，如图 3-34 所示。

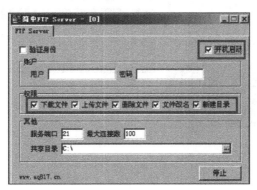

图 3-34　编辑 FTP 服务器

（3）左侧的 WXPSP3 虚拟机，进入 PC。在 WXPSP3 虚拟机中双击打开"我的电脑"。

（4）在地址栏中输入 ftp：//110.10.1.100 后按 Enter 键，成功访问 FTP 服务器，如

图 3-35 所示。

图 3-35　成功访问 FTP 服务器

（5）将服务器中的 virus.zip 文件拖曳到桌面，显示失败信息，初步判断策略生效，如图 3-36 所示。

图 3-36　下载文件失败

（6）重新登录设备。选择面板上方导航栏中的"策略"→"安全策略"菜单命令，在"安全策略"界面中单击红框"文件控制"按钮，如图 3-37 所示。

（7）在"编辑文件控制"界面中，"文件控制"选择空，如图 3-38 所示。

（8）半分钟后，重新在实验拓扑左侧的 WXPSP3 中登录 ftp：//110.10.1.100，成功把 virus.zip 文件拖曳到桌面上，下载成功，符合预期，如图 3-39 所示。

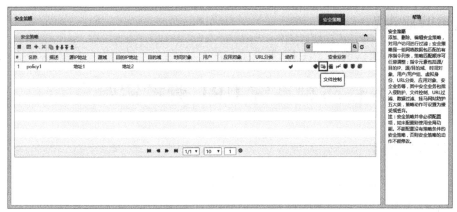

图 3-37　打开文件控制对象

图 3-38　编辑文件控制对象

图 3-39　成功下载文件

【实验思考】

请思考怎样阻止入侵者上传 EXE 类型文件？

3.4 入侵防御系统 URL 管控实验

【实验目的】

配置不同安全策略过滤网址并对 URL 进行管控。

【知识点】

网址过滤、URL 类、安全策略。

【场景描述】

A 公司的张经理发现公司有部分员工工作时间访问游戏、视频类网站，还有部分员工访问客户网站时超出了访问范围（如访问购物的子类页面）。为了加强管理，张经理要求安全运维工程师小王在不影响正常业务访问要求的情况下，对某类网址进行管控，实现公司网络环境的净化管理。小王计划利用入侵防御系统中的网址过滤和 URL 类实现相关要求，请思考应如何配置入侵防御系统的网络接口。

【实验原理】

对用户访问的网址进行检查，通过白名单、黑名单控制用户可访问的网站。用户访问的网站按类别分类创建不同的 URL 类，从而配置不同的安全策略对 URL 进行管控。

【实验设备】

安全设备：SecIPS 3600 入侵防御系统设备 1 台。

网络设备：路由器 1 台，交换机 1 台。

主机终端：Windows 2003 SP2 主机 2 台，Windows XP SP3 主机 2 台，Windows 7 主机 1 台。

【实验拓扑】

入侵防御系统 URL 管控实验拓扑图如图 3-40 所示。

【实验思路】

(1) 配置桥接口。

(2) 创建地址对象。

(3) 创建网址过滤黑、白名单，配置对应的策略。

(4) 创建新的 URL 分类，配置对应的策略。

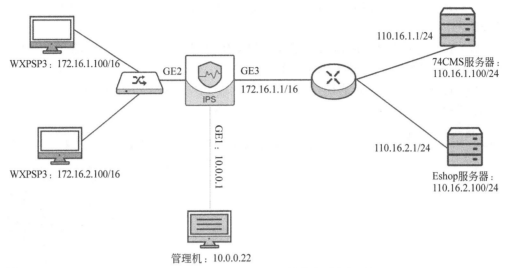

图 3-40　入侵防御系统 URL 管控实验拓扑图

【实验步骤】

（1）在管理机中打开浏览器，在地址栏中输入入侵防御系统产品的 IP 地址 https：∥ 10.0.0.1（以实际设备 IP 地址为准），进入入侵防御系统的登录界面。输入管理员用户名 admin 和密码!1fw@2soc♯3vpn 登录入侵防御系统。在弹出的提示修改密码界面中输入“取消”按钮。

（2）登录入侵防御系统设备后，会显示入侵防御系统的面板界面。

（3）选择面板上方导航栏中的“网络”→“网络接口”菜单命令。

（4）在“网络接口”界面找到“逻辑桥接口”部分，单击“＋”按钮创建新的逻辑桥。

（5）在“＋”界面，输入“桥接口 ID”为 10，选中“启用桥接口”，“绑定接口”选择“Ge0/ 0/2，Ge0/0/3”。

（6）选择面板上方导航栏中的“资源”→“资源对象”菜单命令。

（7）在“资源对象”界面，单击“地址资源”的“＋”按钮，增加地址对象。

（8）在“＋”界面，输入“名称”为 any，选中“网段”，“地址框”中输入 0.0.0.0，“子网掩码”选择 0.0.0.0。

（9）选择面板上方导航栏中的“资源”→“策略对象”菜单命令。

（10）在“策略对象”界面，单击“网址过滤”的“＋”按钮，创建黑、白名单。

（11）在“＋”界面，“URL 过滤名称”输入 noshop，“黑名单过滤方式”选择“关键字”，“URL 黑名单”输入 110.16.2.100 确认无误后单击“添加”按钮，“白名单过滤方式”选择“关键字”，“URL 白名单”输入 110.16.1.100 确认无误后单击“添加”按钮，最后单击“确定”按钮。

（12）在“策略对象”界面，选择“URL 类”。

（13）在“URL 类”界面选择“URL 自定义类”部分，单击“＋”按钮新建 URL 类。

（14）在"＋"界面，"组名称"输入 nothing，"URL 地址"输入 110.16.1.100，单击"添加"按钮。

（15）在"＋"界面，向 nothing 组继续添加 URL 地址，在"URL 地址"输入 110.16.2.100，单击"添加"按钮，确认信息无误后单击"确定"按钮。

（16）在"URL 类"界面选择"URL 类"部分，单击"＋"按钮创建新的 URL 分类，如图 3-41 所示。

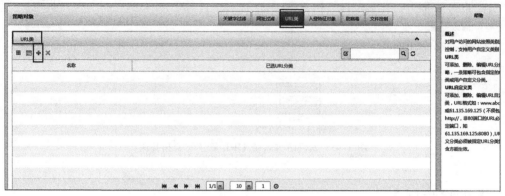

图 3-41　创建新的 URL 分类

（17）在"＋"界面，"分类名称"输入 noshop，在"URL 分类列表"中找到新建的分类 nothing，单击＞＞按钮，最后单击"确定即可"按钮。

（18）选择面板上方导航栏中的"策略"→"安全策略"菜单命令，在"安全策略"界面单击"＋"按钮添加新的安全策略。

（19）在"编辑策略"界面，"策略名称"输入 noshop，选择"源"，"源 IP 对象"选择 any。

（20）在"编辑策略"界面，选择"目的"，"目的 IP 对象"选择 any。

（21）在"编辑策略"界面，选择"URL 分类"，"URL 分类"选择 noshop。

（22）在"编辑策略"界面，选择"安全业务"，"URL 过滤"选择 noshop，其他保持默认配置。

（23）在"编辑策略"界面，选择"动作"，"操作"选择"接受"，确认无误后单击"确定"按钮。

【实验预期】

配置应用新的安全策略后成功地对 URL 进行了管控，同属于一个 URL 分类的两个不同网站，只有在 URL 过滤的白名单中才可以访问。

【实验结果】

（1）登录实验平台对应实验拓扑左侧的任意一台 WXPSP3 虚拟机（代表公司的不同部门），如图 3-42 所示。

（2）双击虚拟机桌面上的火狐浏览器。

（3）在火狐浏览器地址栏中输入 http://110.16.1.100（在 URL 过滤白名单中），确认无误后按 Enter 键成功转到相应网站，符合预期，如图 3-43 所示。

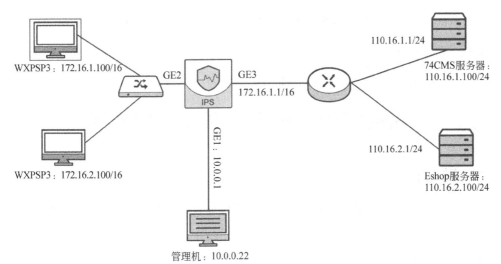

图 3-42　登录左侧的任意一台 WXPSP3 虚拟机

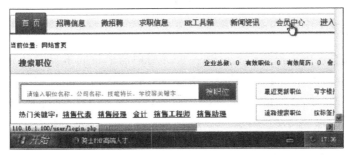

图 3-43　网站

（4）在火狐浏览器地址栏中输入 http：//110.16.2.100（不在 URL 过滤白名单中），确认无误后按 Enter 键，发现不能转到相应网站，URL 管控成功符合预期，如图 3-44 所示。

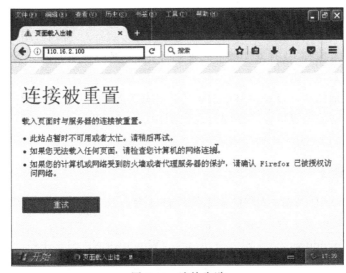

图 3-44　连接失败

（5）综上所述，配置好新的安全策略后成功地对 URL 进行了管控，符合预期。

【实验思考】

若需要访问的网址处于管控中，应如何申请访问？

3.5 入侵防御系统安全防御管控实验

【实验目的】

管理员通过对入侵防御系统的入侵特征对象、防病毒对象进行配置，实现对病毒数据的管控。

【知识点】

入侵特征对象、策略对象-防病毒、防垃圾邮件 & 病毒-防病毒。

【场景描述】

A 公司的安全运维工程师小王收到一个部门中的多位同事反馈计算机出现死机现象，小王怀疑该部门中有病毒程序传播。为保证不传播到其他部门，小王需要配置该部门入侵防御系统中的防病毒功能，对流经的数据进行过滤。请思考应如何配置入侵防御系统的防病毒功能。

【实验原理】

入侵特征对象用于配置 IPS 策略，对用户流量中的入侵报文进行检测，确保用户安全地使用网络。

防病毒用于检查用户流量的病毒，确保用户安全地使用网络，避免因感染病毒带来的不必要损失。

基于邮件代理的病毒过滤策略能够以邮件代理方式针对 SMTP、POP3、IMAP 三大邮件协议进行病毒检查，及时发现携带病毒邮件，并根据用户上面的处置动作配置，从而灵活地处理病毒邮件。

基于协议识别的病毒过滤策略增加了应用比较广泛的 HTTP、FTP 等传输文件的病毒扫描，同时，该功能通过依赖产品的协议识别功能，有效防止攻击者通过修改端口逃避病毒扫描的情况。

【实验设备】

安全设备：SecIPS 3600 入侵防御系统设备 1 台。
网络设备：路由器 1 台，交换机 1 台。
主机终端：Windows 2003 SP2 主机 1 台，Windows XP SP3 主机 2 台，Windows 7 主机 1 台。

【实验拓扑】

入侵防御系统安全防御管控实验拓扑图如图 3-45 所示。

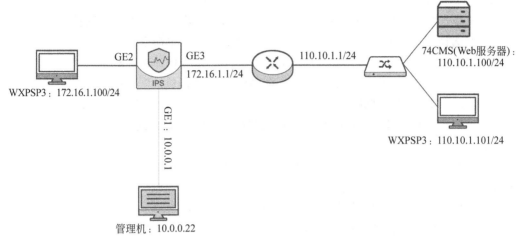

图 3-45　入侵防御系统安全防御管控实验拓扑图

【实验思路】

(1) 配置桥接口。

(2) 配置网络接口。

(3) 配置 ACL 对象。

(4) 配置入侵特征对象。

(5) 配置防病毒对象。

(6) 配置安全策略。

(7) 配置防垃圾邮件 & 病毒。

【实验步骤】

(1) 在管理机中打开浏览器,在地址栏中输入入侵防御系统产品的 IP 地址 https://
10.0.0.1(以实际设备 IP 地址为准),进入入侵防御系统的登录界面。输入管理员用户名
admin 和密码 admin 登录入侵防御系统。

(2) 当弹出修改密码的窗口时,单击“取消”按钮。

(3) 登录入侵防御系统设备后,会显示入侵防御系统的面板界面。

(4) 选择面板上方导航栏中的“网络”→“网络接口”菜单命令。

(5) 在“网络接口”界面,单击“逻辑桥接口”的“＋”按钮,增加桥接口。

(6) 在“编辑逻辑桥接口”界面,输入“桥接口 ID”为 1,选中“启用桥接口”,“绑定接
口”选择“Ge0/0/2,Ge0/0/3”。

(7) 单击“确定”按钮,返回到“网络接口”界面,可见成功增加的桥接口。

（8）在"网络接口"界面，双击"以太网接口"的 Ge0/0/2。

（9）在"编辑以太网接口"界面，"流统计标识"选择 inside，其他保持默认配置。

（10）单击"确定"按钮，返回到"网络接口"界面，再双击"以太网接口"的 Ge0/0/3，在弹出的"编辑以太网接口"界面中，"流统计标识"选择 outside，其他保持默认配置。

（11）单击"确定"按钮，返回到"网络接口"界面，可见配置成功的以太网接口。

（12）选择面板上方导航栏中的"资源"→"资源对象"菜单命令。

（13）在"资源对象"界面，单击"地址对象"的"＋"按钮，增加地址对象。

（14）在"地址对象维护"界面，输入"名称"为"地址 1"，"地址"下一行设置 172.16.2.0、255.255.255.0，其他保持默认配置。

（15）单击"确定"按钮，返回到"资源对象"界面。单击"地址对象"的"＋"按钮，增加地址对象。

（16）在"地址对象维护"界面，输入"名称"为"地址 2"，"地址"下一行设置 110.10.1.0、255.255.255.0，其他保持默认配置。

（17）单击"确定"按钮，返回到"资源对象"界面，可见成功增加的地址对象。

（18）单击"资源对象"面板上方导航栏中的 ACL，在 ACL 界面中单击"＋"按钮，增加 ACL 对象。

（19）在 ACL 界面，输入"ACL 名称"为 acl1，"源 IP 地址"为 172.16.2.0，"源网络掩码"为 255.255.255.0，"目的 IP 地址"为 110.10.1.0，"目的网络掩码"为 255.255.255.0，其他保持默认配置。

（20）单击"确定"按钮，返回到 ACL 界面，可见成功添加的 ACL 对象。选择面板上方导航栏中的"资源"→"策略对象"菜单命令，如图 3-46 所示。

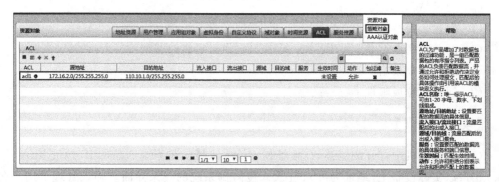

图 3-46　打开策略对象

（21）单击"策略对象"面板上方导航栏中的"入侵特征对象"按钮，在此界面中单击"＋"按钮，增加特征策略对象。

（22）在"编辑 IPS 策略"界面，输入"IPS 特征策略名称"为 ips1，"请选择 IPS 模板"选择 ips。

（23）单击"确定"按钮，返回到"策略对象"界面。单击"策略对象"面板上方导航栏中的"防病毒"，之后单击"＋"按钮增加防病毒对象。

（24）在"新建防病毒"界面，输入"防病毒名称"为 re_virus，其他保持默认配置。

（25）单击"确定"按钮，返回到"策略对象"界面，可见成功增加的防病毒对象。选择 SecIPS 3600 主面板上方导航栏中的"策略"→"安全策略"菜单命令。

（26）在"安全策略"界面，单击"安全策略"的"＋"按钮，增加安全策略。

（27）在"新建策略"界面，输入"策略名称"为 policy1，在"策略条件"的"源"中，"源 IP 对象"选择"地址 1"，其他保持默认配置。

（28）单击"策略条件"的"目的"按钮，"目的 IP 对象"选择"地址 2"，其他保持默认配置。

（29）单击"安全业务"按钮，"入侵防护"选择 ips1，"防病毒"选择 re_virus。

（30）单击"策略条件"的"动作"按钮，选中"操作"的"接受"。

（31）单击"确定"按钮，返回到"安全策略"界面，可见成功添加的安全策略。选择 SecIPS 3600 主面板上方导航栏中的"策略"→"防垃圾邮件 & 病毒"菜单命令。

（32）在"防垃圾邮件 & 病毒"界面，单击"防病毒"按钮，之后单击红框标识的下拉按钮。

（33）在"基于协议识别的病毒设置"界面，单击红框标识的"＋"按钮，设置基于协议识别的病毒过滤设置。

（34）在"基于协议识别的病毒设置"界面，ACL 选择 acl1，"选定的过滤策略列表"选择"HTTP、FTP、SMTP、POP3、IMAP"。

（35）单击"确定"按钮，设置完毕。

（36）选择 SecIPS 3600 主面板上方导航栏中的"管理"→"全局配置"菜单命令。

（37）在"全局配置"界面，确保"日志纪录开关"的所有选项都处于 ON 状态，其他保持默认配置。

（38）单击"确定"按钮，保存配置。单击"全局配置"上方导航栏中的"全局开关"按钮。

（39）在"全局开关"界面，保证"流量统计""默认包策略""日志聚合功能"的所有选项和"应用识别"都处于 ON 状态，其他保持默认配置。

（40）单击"确定"按钮，保存配置，配置完毕。

【实验预期】

病毒文件未被成功下载。

【实验结果】

（1）登录实验平台对应实验拓扑右上角标红框的服务器 74CMS，如图 3-47 所示。

（2）在服务器中，双击标红框的 FTP 服务器图标，如图 3-48 所示。

（3）在"简单 FTP Server"界面，保证选中"开机启动""下载文件""上传文件""删除文件""文件改名"和"新建目录"，如图 3-49 所示。

（4）返回到实验拓扑，进入左侧的 WXPSP3 虚拟机，进入 PC1，如图 3-50 所示。

（5）在 WXPSP3 中，双击打开"我的电脑"。

（6）在打开的界面中，在地址栏中输入 ftp：//110.10.1.100 后按 Enter 键，可见 FTP 服务器的资源。双击打开文件夹"病毒样本"，如图 3-51 所示。

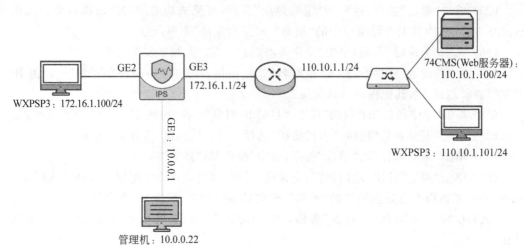

图 3-47 登录右上角的服务器 74CMS

图 3-48 打开 FTP 界面

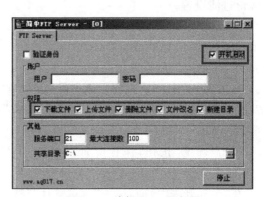

图 3-49 编辑 FTP 服务器

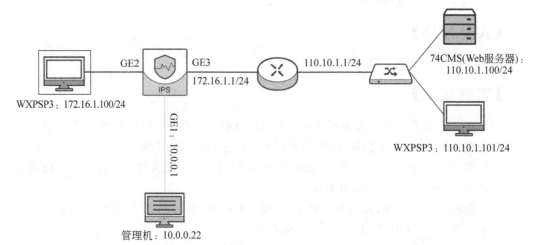

图 3-50 登录左侧的 WXPSP3

图 3-51　打开文件夹

（7）在"病毒样本"文件夹中可见一个病毒资源，将它拖曳到桌面，发现系统提示一直处于复制状态，并报错，不能成功下载病毒文件，如图 3-52 所示。

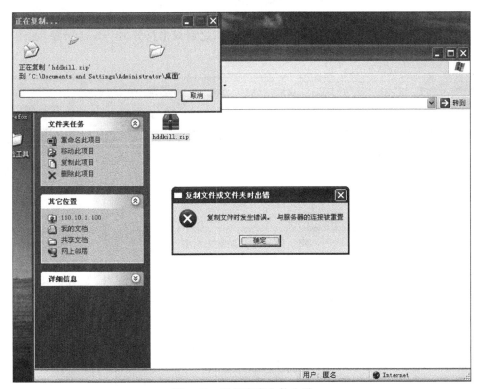

图 3-52　下载病毒文件失败

（8）单击"确定"按钮，终止下载病毒文件。

（9）在管理机中打开浏览器，在地址栏中输入入侵防御系统产品的 IP 地址 https://10.0.0.1（以实际设备 IP 地址为准），进入入侵防御系统的登录界面。输入管理员用户名

admin 和密码 admin 登录入侵防御系统。选择面板上方导航栏中的"资源"→"策略对象"菜单命令,如图 3-53 所示。

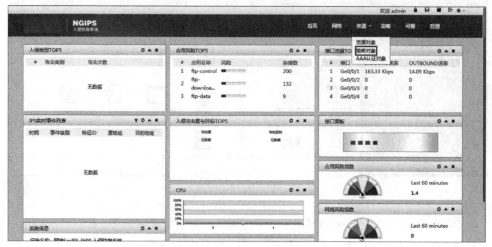

图 3-53　打开策略对象

(10) 在"策略对象"界面,单击"防病毒"按钮,之后双击打开 re_virus 对象,如图 3-54 所示。

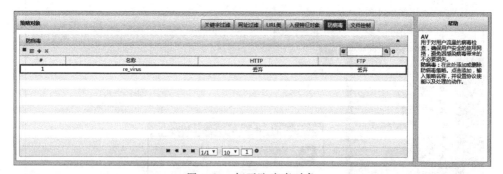

图 3-54　打开防病毒对象

(11) 在"编辑防病毒"界面,FTP 选择"通过",其他保持默认配置,如图 3-55 所示。

图 3-55　编辑防病毒

(12) 单击"确定"按钮,返回到"防病毒"界面。选择面板上方导航栏中的"策略"→"防垃圾邮件 & 病毒"菜单命令,如图 3-56 所示。

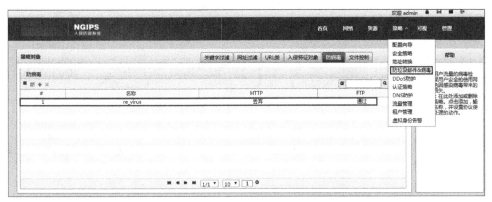

图 3-56　打开"防垃圾邮件 & 病毒"

（13）在"防垃圾邮件 & 病毒"界面中，单击"防病毒"按钮。之后双击打开 acl1，如图 3-57 所示。

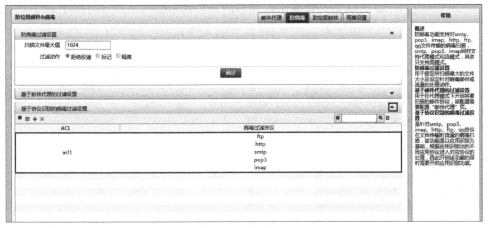

图 3-57　打开 acl1

（14）在"基于协议识别的病毒设置"界面中，ACL 选择 acl1，"选定的过滤策略列表"取消选择 FTP，如图 3-58 所示。

图 3-58　修改病毒设置

（15）单击"确定"按钮，配置生效。登录实验平台对应拓扑左侧的 WXPSP3，进入 PC1，如图 3-59 所示。

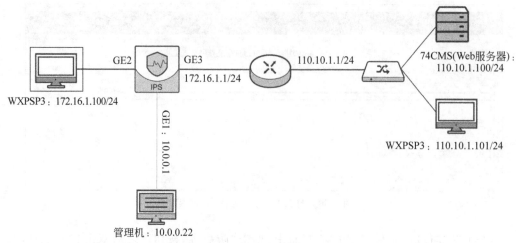

图 3-59　登录左侧的 WXPSP3

（16）双击打开"我的电脑"，在弹出的界面的地址栏中输入 ftp：//110.10.1.100 后按 Enter 键，成功登录 FTP 服务器。在 FTP 服务器文件资源中双击打开"病毒样本"文件夹，如图 3-60 所示。

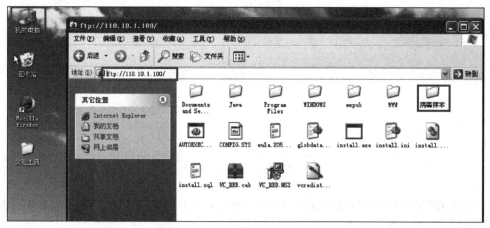

图 3-60　打开"病毒样本"文件夹

（17）在"病毒样本"文件夹中可见病毒资源 hddkill.zip。将它拖曳到桌面，双击打开病毒包，无提示错误信息，说明成功下载病毒包，设置的策略有效，符合预期，如图 3-61 所示。

【实验思考】

请思考，怎样阻止病毒文件通过邮件传输给客户？

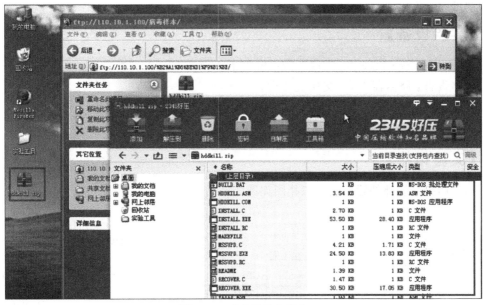

图 3-61　成功下载病毒包

3.6　入侵防御系统邮件管控实验

【实验目的】

配置入侵防御系统防垃圾邮件 & 病毒功能对信息系统内的邮件进行清理。

【知识点】

ACL、邮件代理、防垃圾邮件、基于邮件代理的过滤设置。

【场景描述】

A 公司安全运维工程师小王的办公邮箱中收到一份携带病毒的垃圾邮件,小王怀疑公司网络中有携带病毒程序的垃圾邮件传播。为确保公司网络环境的正常运行,小王需要配置入侵防御系统中的垃圾邮件过滤和病毒过滤功能对邮件进行清洗,请思考应如何配置入侵防御系统的相关功能。

【实验原理】

基于用户配置的 ACL 实现邮件代理服务器,以邮件代理方式针对 SMTP、POP3、IMAP 三大邮件协议进行病毒检查,及时发现携带病毒邮件实现病毒过滤功能。垃圾邮件会造成网络和服务器的资源浪费,垃圾邮件过滤功能基于代理实现,分为 SMTP、POP3 和 IMAP 三部分,创建关键字过滤策略,设定网络地址阻断的黑白名单可以对垃圾邮件进行过滤。

【实验设备】

安全设备：SecIPS 3600 入侵防御系统设备 1 台。

网络设备：路由器 1 台,交换机 1 台。

主机终端：Windows 2003 SP2 主机 1 台,Windows XP SP3 主机 3 台,Windows 7 主机 1 台。

【实验拓扑】

入侵防御系统邮件管控实验拓扑图如图 3-62 所示。

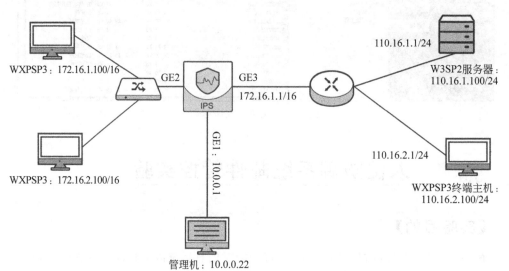

WXPSP3：172.16.1.100/16

WXPSP3：172.16.2.100/16

GE2

GE3
172.16.1.1/16

GE1：10.0.0.1

110.16.1.1/24

W3SP2服务器：
110.16.1.100/24

110.16.2.1/24

WXPSP3终端主机：
110.16.2.100/24

管理机：10.0.0.22

图 3-62　入侵防御系统邮件管控实验拓扑图

【实验思路】

(1) 配置桥接口。

(2) 实现邮件代理。

(3) 创建病毒过滤策略。

(4) 创建垃圾邮件过滤策略。

【实验步骤】

(1) 在管理机中打开浏览器,在地址栏中输入入侵防御系统产品的 IP 地址 https：// 10.0.0.1(以实际设备 IP 地址为准),进入入侵防御系统的登录界面。输入管理员用户名 admin 和密码!1fw@2soc#3vpn 登录入侵防御系统。

(2) 在弹出的"提示修改密码"界面单击"取消"按钮。

(3) 登录入侵防御系统设备后,会显示入侵防御系统的面板界面。

（4）选择面板上方导航栏中的"网络"→"网络接口"菜单命令。

（5）在"网络接口"界面找到"逻辑桥接口"部分,单击"＋"按钮创建新的逻辑桥。

（6）在"＋"界面,输入"桥接口 ID"为 10,选中"启用桥接口","绑定接口"选择"Ge0/0/2,Ge0/0/3"。

（7）选择面板上方导航栏中的"策略"→"防垃圾邮件 & 病毒"菜单命令。

（8）在"防垃圾邮件 & 病毒"界面,选择"邮件代理"的"＋",增加邮件代理的 ACL。

（9）在创建邮件代理 ACL 界面,"ACL 名称"输入 mp,"备注"输入"mail post","位置"选择"ACL 之前","源 IP 地址""源网络掩码""目的 IP 地址"和"目标网络掩码"都输入 0.0.0.0,"取反"选项均不需要勾选。

（10）创建 ACL 界面,"动作"选择"报文通过","包过滤"选择"匹配生效",其他选项保持默认,确认信息无误后单击"确定"按钮。

（11）在 ACL 列表中找到刚创建的 ACL,单击"＋"按钮选定邮件代理的 ACL。

（12）选定 ACL 后,会在"ACL 列表"中出现选中的 ACL。

（13）在"邮件代理"界面,"SMTP 代理端口"输入 25,"POP3 代理端口"输入 110,其他选项保持默认,确认信息无误后单击"确定"按钮。

（14）在"防垃圾邮件 & 病毒"界面选择"防病毒"。

（15）在"防病毒"界面,"扫描文件最大值"输入 1024,"过滤动作"选择"拒绝投递",单击"确定"按钮。

（16）在"防病毒"界面,展开"基于邮件代理的过滤设置",选择"病毒过滤协议"为 SMTP 和 POP3,单击"确定"按钮。

（17）在"防病毒"界面,展开"基于协议识别的病毒过滤设置"。

（18）单击"＋"按钮。

（19）ACL 选择 mp,"选定的过滤策略列表"选择 SMTP 和 POP3,单击"确定"按钮。

（20）在"防垃圾邮件"界面,选择"防垃圾邮件"。

（21）在"关键字"部分,单击"＋"按钮创建关键字。

（22）在新建"关键字"界面,"关键字组"输入 Stheme 作为主题过滤关键字,"关键字"输入 sb,单击"添加"按钮,确认无误后单击"确定"按钮。

（23）再次单击"防垃圾邮件"界面"关键字"部分的"＋"创建关键字。在新建"关键字"界面,"关键字组"输入 Stext 作为正文过滤关键字,"关键字"输入 sb,单击"添加"按钮,确认无误后单击"确定"按钮。

（24）再次单击"防垃圾邮件"界面"关键字"部分的"＋"创建关键字。在新建"关键字"界面,"关键字组"输入 Saddresser 作为发件人过滤关键字,"关键字"输入 Bike,单击"添加"按钮,确认无误后单击"确定"按钮。

（25）在"防垃圾邮件"界面展开 SMTP 部分。

（26）在 SMTP 部分打开"SMTP 过滤"开关。

（27）"SMTP 过滤"展开。

（28）SMTP 部分,"主题关键字"选择 Stheme,"正文关键字"选择 Stext,"发件人关键字"选择 Saddresser,"处理动作"选择"阻断",其他选项保持默认,单击"确定"按钮。

(29) 在"防垃圾邮件"界面单击展开 POP3 部分。

(30) 单击打开"POP3 过滤"开关。

(31) POP3 展开界面。

(32) 在 POP3 部分,"主题关键字"选择 Stheme,"正文关键字"选择 Stext,"发件人关键字"选择 Saddresser,"处理动作"选择"阻断",其他选项保持默认,单击"确定"按钮,如图 3-63 所示。

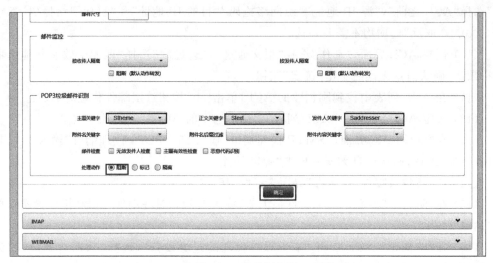

图 3-63　防垃圾邮件

【实验预期】

(1) 含病毒邮件不能在信息系统内传播。

(2) 被关键字识别的垃圾邮件不会被接收。

【实验结果】

1. 含病毒邮件不能在信息系统内传播

(1) 登录实验平台对应实验拓扑,左上角的客户机终端 WXPSP3 使用邮箱"Cike@whj.com",左下角的客户机终端 WXPSP3 使用邮箱"Dike@whj.com",右上角为 W3SP2 邮件服务器,使用邮箱"Aike@whj.com",右下角的客户机 WXPSP3 终端使用邮箱"Bike@whj.com",如图 3-64 所示。

(2) 登录实验平台拓扑右上角的邮件服务器 W3SP2,邮件服务器使用的邮箱是"Aike@whj.com",如图 3-65 所示。

(3) 单击"开始"按钮,打开程序 Outlook Express,如图 3-66 所示。

(4) 在 Outlook Express 界面单击"创建邮件"按钮,如图 3-67 所示。

(5) 使用邮箱"Aike@whj.com"向邮箱"Cike@whj.com"发送一封正常邮件,"收件

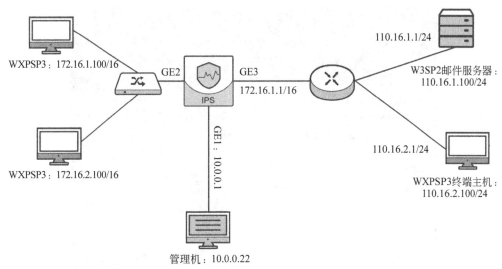

图 3-64　实验平台拓扑

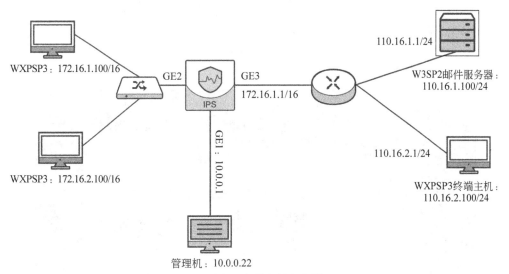

图 3-65　登录右上角的邮件服务器 W3SP2

人"输入"Cike@whj.com","主题"输入 hello,"正文"输入"nice to meet you !",如图 3-68 所示。

（6）登录实验拓扑左上角的客户机 WXPSP3,对应的邮箱为"Cike@whj.com",如图 3-69 所示。

（7）单击"开始"按钮,打开程序 Outlook Express。

（8）在 Outlook Express 的"收件箱"中可以发现一封未读邮件,发件人为"Aike@whj.com",表示邮件发送成功,如图 3-70 所示。

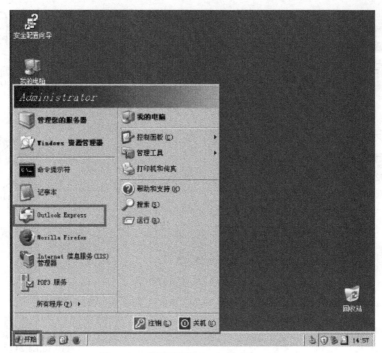

图 3-66　打开程序 Outlook Express

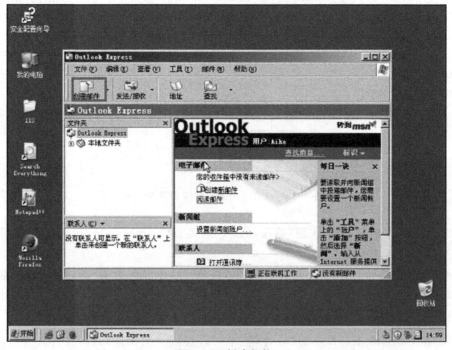

图 3-67　创建邮件

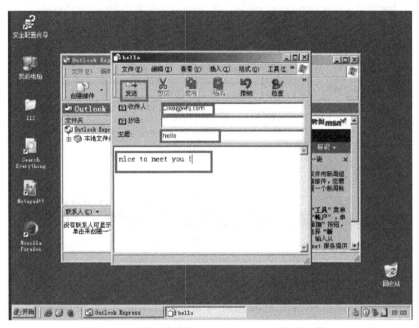

图 3-68　使用邮箱"Aike@whj.com"发送邮件

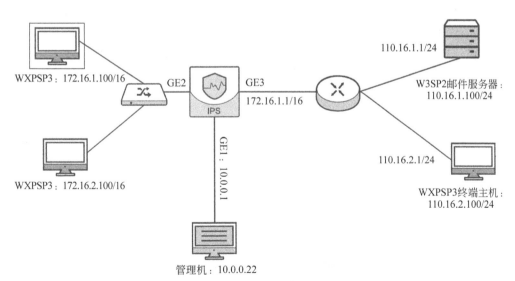

图 3-69　"Cike@whj.com"左上角的客户机 WXPSP3

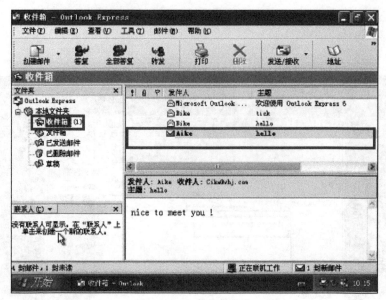

图 3-70 邮件发送成功

2. 被关键字识别的垃圾邮件不会被接收

（1）登录实验平台拓扑右上角的主机 W3SP2 邮件服务器，对应邮箱"Aike@whj.com"，如图 3-71 所示。

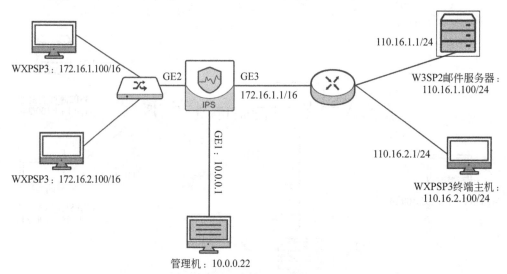

图 3-71 登录右上角的主机 W3SP2

（2）打开程序 Outlook Express，对应邮箱"Aike@whj.com"，如图 3-72 所示。

（3）在 Outlook Express 界面单击"创建邮件"按钮，如图 3-73 所示。

（4）"收件人"输入"Cike@whj.com"，"主题"输入 test，"正文"输入 virus，单击菜单栏的"插入"下面选项的"文件附件"按钮，如图 3-74 所示。

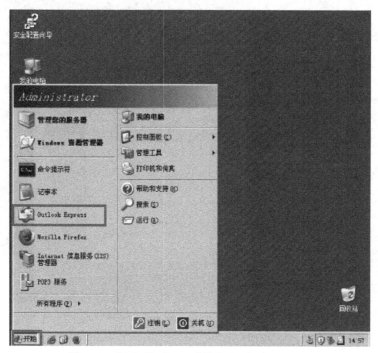

图 3-72 "Aike@whj.com"登入 Outlook Express

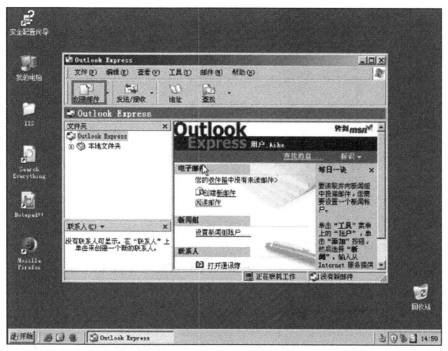

图 3-73 "Aike@whj.com"创建邮件

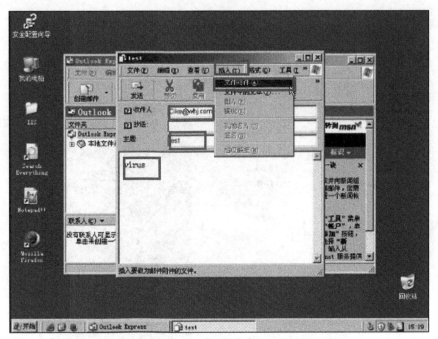

图 3-74 "Aike@whj.com"附件

（5）选择 C 盘根目录中的"病毒样本"中的病毒样本数据，单击"附件"按钮，如图 3-75
所示。

图 3-75 "Aike@whj.com"选择样本

（6）附件成功后单击"发送"按钮，如图 3-76 所示。

（7）登录实验拓扑左上角的客户机 WXPSP3，对应的邮箱为"Cike@whj.com"，如
图 3-77 所示。

（8）单击"开始"按钮，打开程序 Outlook Express，如图 3-78 所示。

（9）打开邮箱发现提示有不可接收的邮件，如图 3-79 所示。

（10）进入"Cike@whj.com"的收件箱，没有 Aike 发送的邮件，带病毒的邮件被过滤
掉了，符合预期，如图 3-80 所示。

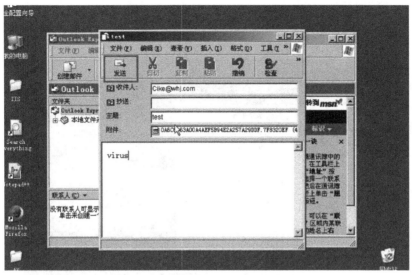

图 3-76　"Aike@whj.com"发送邮件

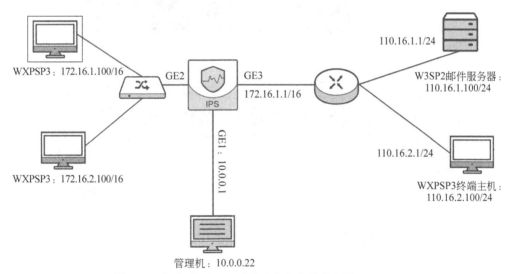

图 3-77　"Cike@whj.com"登入左上角的客户机 WXPSP3

（11）登录实验平台拓扑右上角的主机 W3SP2，对应邮箱"Aike@whj.com"，如图 3-81 所示。

（12）打开程序 Outlook Express，对应邮箱"Aike@whj.com"，如图 3-82 所示。

（13）在 Outlook Express 界面单击"创建邮件"按钮，如图 3-83 所示。

（14）"收件人"输入"Cike@whj.com"，"主题"输入 sb，这个主题在主题关键字过滤中，"正文"输入 nothing，单击"发送"按钮，如图 3-84 所示。

（15）登录实验拓扑左上角的客户机 WXPSP3，对应的邮箱为"Cike@whj.com"，如图 3-85 所示。

图 3-78 "Cike@whj.com"打开程序 Outlook Express

图 3-79 "Cike@whj.com"不可接收的邮件

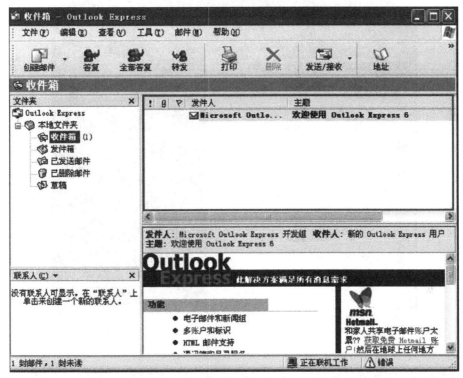

图 3-80 "Cike@whj.com"过滤邮件

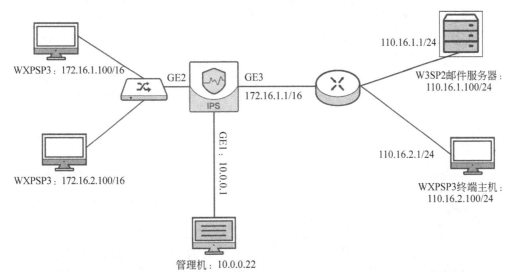

管理机：10.0.0.22

图 3-81 "Aike@whj.com"登录右上角的主机 W3SP2

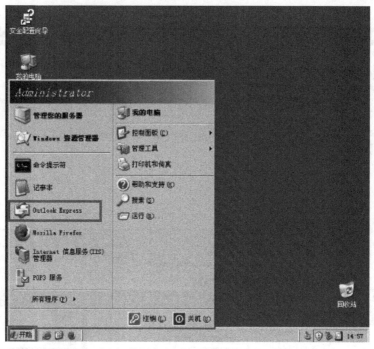

图 3-82　"Aike@whj.com"打开程序 Outlook Express

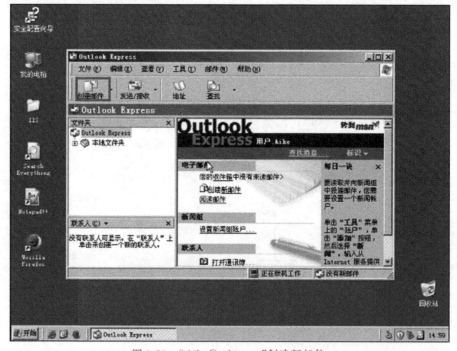

图 3-83　"Aike@whj.com"创建新邮件

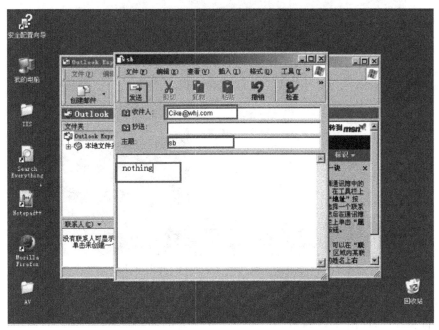

图 3-84　"Aike@whj.com"发送邮件

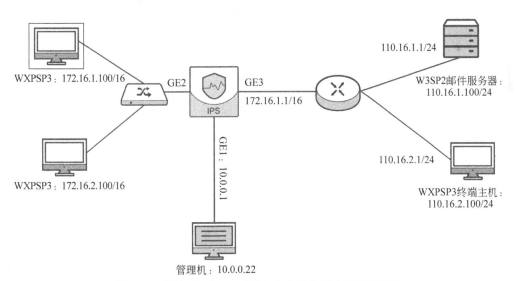

图 3-85　"Cike@whj.com"登入左上角的客户机 WXPSP3

（16）单击"开始"按钮，打开程序 Outlook Express，如图 3-86 所示。

图 3-86　"Cike@whj.com"打开程序 Outlook Express

（17）打开邮箱发现有邮件不能正常接收，并且邮箱内无未接收邮件，垃圾邮件被过滤掉了，符合预期，如图 3-87 所示。

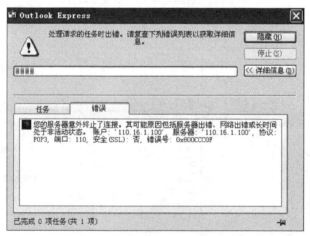

图 3-87　"Cike@whj.com"发现邮件

（18）进入"Cike@whj.com"的收件箱，没有 Aike 发送的邮件，带病毒的邮件被过滤掉了，符合预期，如图 3-88 所示。

（19）登录实验拓扑右下角的客户机 WXPSP3 终端主机，对应的邮箱为"Bike@whj.com"，如图 3-89 所示。

（20）单击"开始"按钮，打开程序 Outlook Express。

（21）在 Outlook Express 界面单击"创建邮件"按钮，如图 3-90 所示。

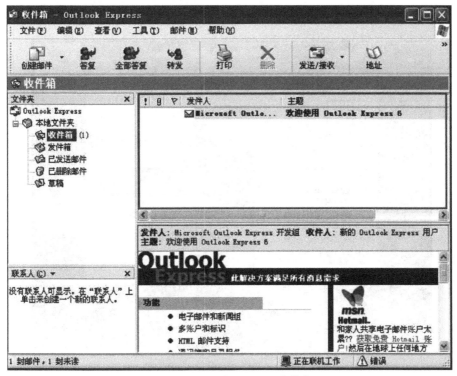

图 3-88 "Cike@whj.com"收件箱

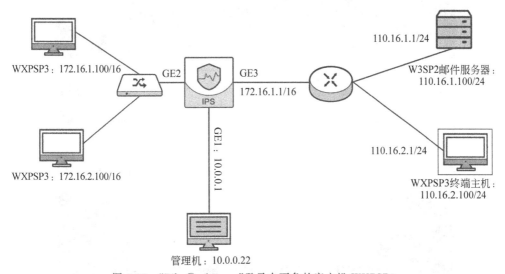

图 3-89 "Bike@whj.com"登录右下角的客户机 WXPSP3

(22) 该客户机使用的邮箱"Bike@whj.com"是被收件人关键字过滤的对象。"收件人"输入"Cike@whj.com","主题"输入 test,这个主题在主题关键字过滤中,"正文"输入"can you get it ?",单击"发送"按钮,如图 3-91 所示。

图 3-90 "Bike@whj.com"创建邮件

图 3-91 "Bike@whj.com"发送邮件

3. 被关键字识别的垃圾邮件不会被接收

（1）登录实验拓扑左上角的客户机 WXPSP3，对应的邮箱为"Cike@whj.com"，如图 3-92 所示。

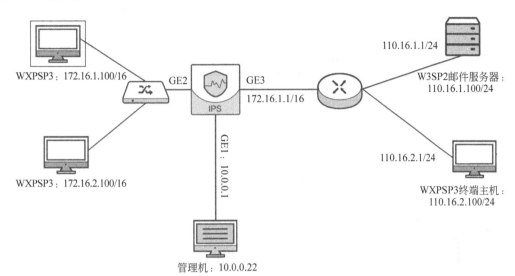

WXPSP3：172.16.1.100/16

WXPSP3：172.16.2.100/16

GE2　IPS　GE3　172.16.1.1/16

GE1：10.0.0.1

管理机：10.0.0.22

110.16.1.1/24

W3SP2邮件服务器：110.16.1.100/24

110.16.2.1/24

WXPSP3终端主机：110.16.2.100/24

图 3-92　"Cike@whj.com"登录左上角的客户机 WXPSP3

（2）单击"开始"按钮，打开程序 Outlook Express，如图 3-93 所示。

图 3-93　"Cike@whj.com"打开程序 Outlook Express

（3）打开邮箱发现有邮件不能正常接收，垃圾邮件被过滤掉了，符合预期，如图 3-94 所示。

（4）综上所述，带病毒的和被判定为垃圾的邮件都被入侵防御系统过滤掉了，符合预期。

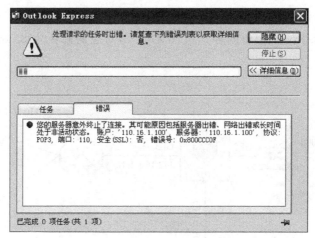

图 3-94　"Cike@whj.com"过滤垃圾邮件

【实验思考】

（1）已压缩的病毒是否可以被发送进来？

（2）病毒过滤的病毒库是实时更新升级的吗？

 # 入侵防御系统 DDoS 防护实验

【实验目的】

管理员通过配置入侵防御系统的 DDoS（分布式拒绝服务攻击），实现对流经入侵防御系统数据的防御。

【知识点】

DoS（拒绝服务）、DDoS、ACL、入侵特征对象、策略对象、全局对象。

【场景描述】

A 公司的张经理通过安全咨询了解到 DDoS 攻击的发展趋势越来越严峻，公司的服务器一旦遭受 DDoS 攻击，将产生严重的负面影响，为了维护公司的利益，张经理要求安全运维工程师小王开启 DDoS 攻击防护功能。请思考应如何配置入侵防御系统的 DDoS 功能。

【实验原理】

DoS 是一种常见的网络攻击方式，其目的是使计算机或网络无法提供正常的服务。最常见的 DoS 攻击有计算机网络带宽攻击和连通性攻击。

DDoS 通过网络过载干扰或阻断正常的网络通信，通过向网络服务器提交大量请求，导致服务器超负荷。

【实验设备】

安全设备：SecIPS 3600 入侵防御系统设备 1 台。

网络设备：路由器 1 台,交换机 1 台。

主机终端：Windows 2003 SP2 主机 1 台,Windows XP SP3 主机 2 台,Windows 7 主机 1 台。

【实验拓扑】

入侵防御系统 DDoS 防护实验拓扑图如图 3-95 所示。

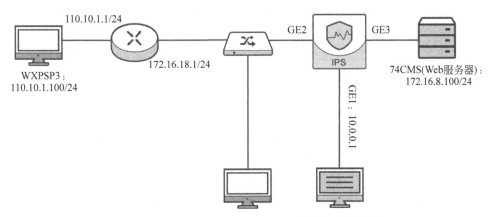

图 3-95　入侵防御系统 DDoS 防护实验拓扑图

【实验思路】

(1) 配置桥接口。

(2) 配置网络接口。

(3) 配置地址对象。

(4) 配置 ACL 对象。

(5) 配置安全策略。

(6) 内网用户发起 ARP 攻击,导致外网用户无法访问服务器。

(7) 配置 DDoS 防护策略,对内网用户发起的 ARP 攻击实现安全防护。

(8) 外网发起 DoS 攻击,内网的服务器可抓取到攻击数据包。

(9) 配置 DDoS 防护策略,对外网发起的 DDoS 攻击实现安全防护。

【实验步骤】

(1) 在管理机中打开浏览器,在地址栏中输入入侵防御系统产品的 IP 地址 https://10.0.0.1(以实际设备 IP 地址为准),进入入侵防御系统的登录界面。输入管理员用户名

admin 和密码!1fw@2soc♯3vpn 登录入侵防御系统。

（2）单击"登录"按钮后，会弹出修改出厂原始密码的提示框，单击"取消"按钮。

（3）登录入侵防御系统设备后，会显示入侵防御系统的面板界面。

（4）选择面板上方导航栏中的"网络"→"网络接口"菜单命令。

（5）在"网络接口"界面，单击"逻辑桥接口"的"+"，增加桥接口。

（6）在"编辑逻辑桥接口"界面，输入"桥接口 ID"为 1，选中"启用桥接口"，"绑定接口"选择"Ge0/0/2，Ge0/0/3"。

（7）单击"确定"按钮，返回到"网络接口"界面，可见成功增加的桥接口。

（8）在"网络接口"界面，双击"以太网接口"的 Ge0/0/2。

（9）在"编辑以太网接口"界面，"流统计标识"选择 outside，其他保持默认配置。

（10）单击"确定"按钮，返回到"网络接口"界面，再双击"以太网接口"的 Ge0/0/3，在弹出的"编辑以太网接口"界面中，"流统计标识"选择 inside，其他保持默认配置。

（11）单击"确定"按钮，返回到"网络接口"界面，可见配置成功的以太网接口。

（12）选择面板上方导航栏中的"资源"→"资源对象"菜单命令，显示当前的资源列表。

（13）在"资源对象"界面，单击"地址对象"的"+"增加地址对象。

（14）在"地址对象维护"界面，在"名称"一栏中输入 any，在"地址"一栏中选择"网段"，下方的 IP 地址输入 0.0.0.0，掩码输入 0.0.0.0，其他保持默认配置。

（15）单击"确定"按钮，返回到"资源对象"界面，可见添加的 any 地址对象。

（16）单击"资源对象"面板中的 ACL 标签页，在 ACL 界面中单击"+"，增加 ACL 对象。

（17）在 ACL 界面，"ACL 名称"输入 acl1，在"IP 地址"一栏中，"源地址"选择"地址对象"，其下方的"地址对象"选择 any，"目的地址"选择"地址对象"，其下方的"地址对象"选择 any，其他保持默认配置。

（18）单击"确定"按钮，返回到 ACL 界面，可见成功添加的 ACL 对象。

（19）选择上方导航栏中的"策略"→"安全策略"菜单命令，显示当前的安全策略列表。

（20）在"安全策略"界面，单击"安全策略"的"+"，增加安全策略，如图 3-96 所示。

（21）在弹出的"新建策略"界面中，"策略名称"输入 ddos，在"策略条件"一栏的"源"标签页中，"源 IP 对象"选择 any，其他保持默认配置。

（22）单击"策略条件"一栏的"目的"标签页，"目的 IP 对象"选择 any，其他保持默认配置。

（23）单击"策略条件"一栏的"安全业务"标签页，"入侵防护"选择 ips。

（24）单击"策略条件"一栏的"动作"标签页，"操作"选中"接受"。

（25）单击"确定"按钮，返回到"安全策略"界面，可见成功添加的安全策略。

（26）启用防护策略之前，需要开启入侵防御系统的数据日志，以便进行数据统计。选择面板上方导航栏中的"管理"→"全局配置"菜单命令。

（27）在"全局配置"界面，确保"日志记录开关"的所有选项都处于 ON 状态，其他保

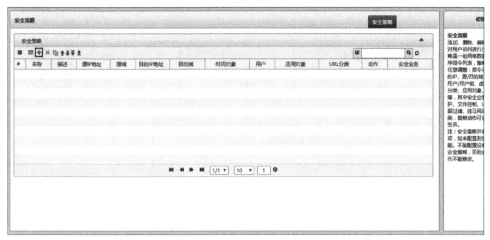

图 3-96　增加安全策略

持默认配置。

（28）单击"确定"按钮，保存配置。再单击"全局配置"一栏中的"全局开关"标签页。

（29）在"全局开关"界面，保证"流量统计""默认包策略""全局开关""日志聚合功能""本地端口扫描检测"的所有选项，以及"安全策略"中的"日志聚合开启"，"应用识别"中的"应用识别"都处于 ON 状态，其他保持默认配置。

（30）单击"确定"按钮，保存全局配置设置。选择上方导航栏中的"策略"→"DDoS 防护"菜单命令，显示当前的 DDoS 设置信息。当前的 DDoS 的 ARP 防护模块所有选项卡均未勾选，处于未启用状态。

【实验预期】

（1）外网用户访问内网服务器网页均可正常访问。

（2）内网用户发起 ARP 欺骗攻击，外网用户无法访问服务器网页。

（3）配置 DDoS 防护中的 ARP 防护策略，使得外网用户正常访问内网服务器网页。

（4）外网发起 DoS 攻击，内网服务器可抓取攻击包。

（5）配置 DDoS 防护中的基于 ACL 防护策略，对攻击数据包进行阻断。

【实验结果】

1. 外网用户访问内网服务器网页均可正常访问

（1）登录实验平台对应实验拓扑左侧标红框的 WXPSP3 虚拟机，如图 3-97 所示。

（2）双击虚拟机桌面中的火狐浏览器快捷方式，运行火狐浏览器。

（3）在火狐浏览器的地址栏中输入内网服务器的 IP 地址 172.16.8.100，可正常浏览网页信息，表明服务器及网络工作正常，如图 3-98 所示。

2. 内网用户发起 ARP 欺骗攻击，外网用户无法访问服务器网页

（1）登录实验拓扑下方的红色方框内网主机 WXPSP3，如图 3-99 所示。

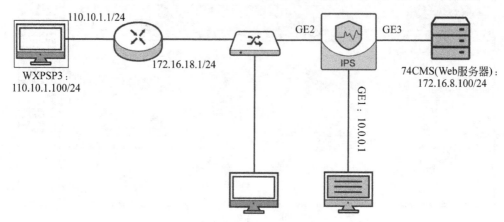

图 3-97 登录左侧的 WXPSP3 虚拟机

图 3-98 访问服务器网页

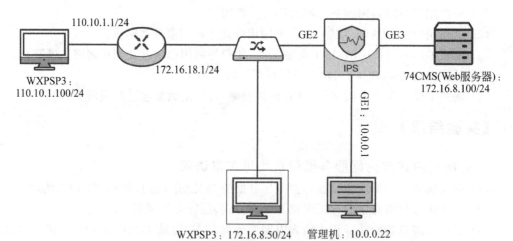

图 3-99 登录下方的 WXPSP3

（2）在虚拟机桌面中，双击 HyenaeFE 软件快捷方式，运行攻击工具，如图 3-100
所示。

图 3-100　运行攻击工具

（3）在 ARP 攻击界面中，显示攻击的相关选项，保留默认设置即可。Operation
Mode 里的 Attack from local machine 表明使用本机发起攻击，下方为本机网卡。在
Network Protocol 一栏中，IP 版本为 IPv4，数据包类型为 ARP-Request，如图 3-101
所示。

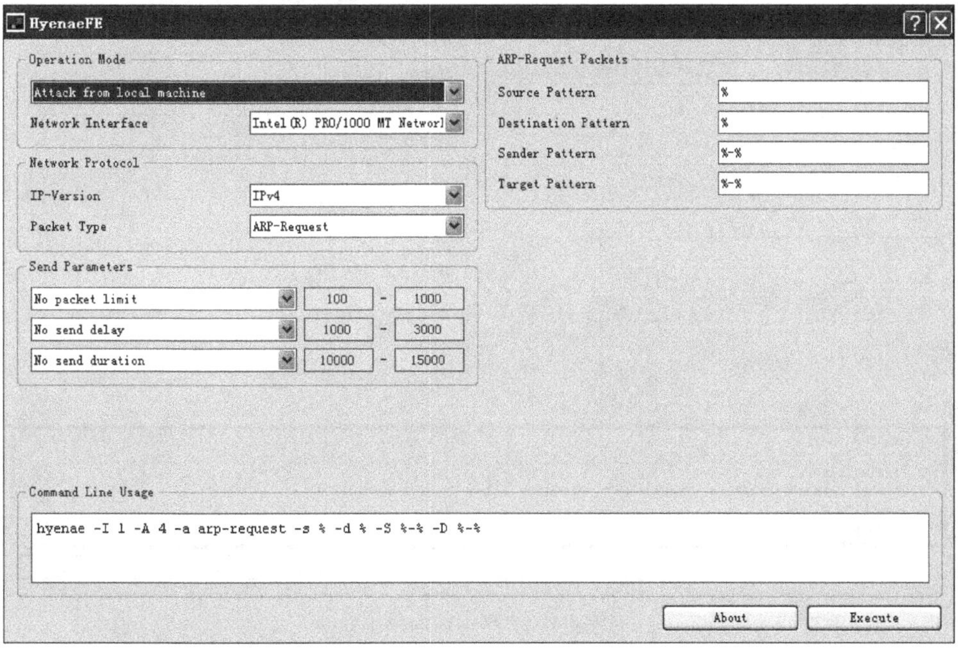

图 3-101　攻击软件界面

（4）单击下方的 Execute 按钮，程序将发起 ARP 攻击，如图 3-102 所示。

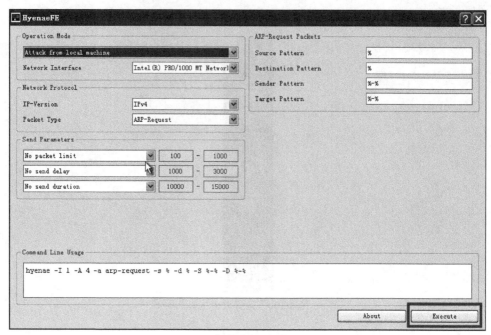

图 3-102　单击 Execute 按钮

（5）单击 Execute 按钮后，下方的状态栏中会显示攻击的信息，如图 3-103 所示。

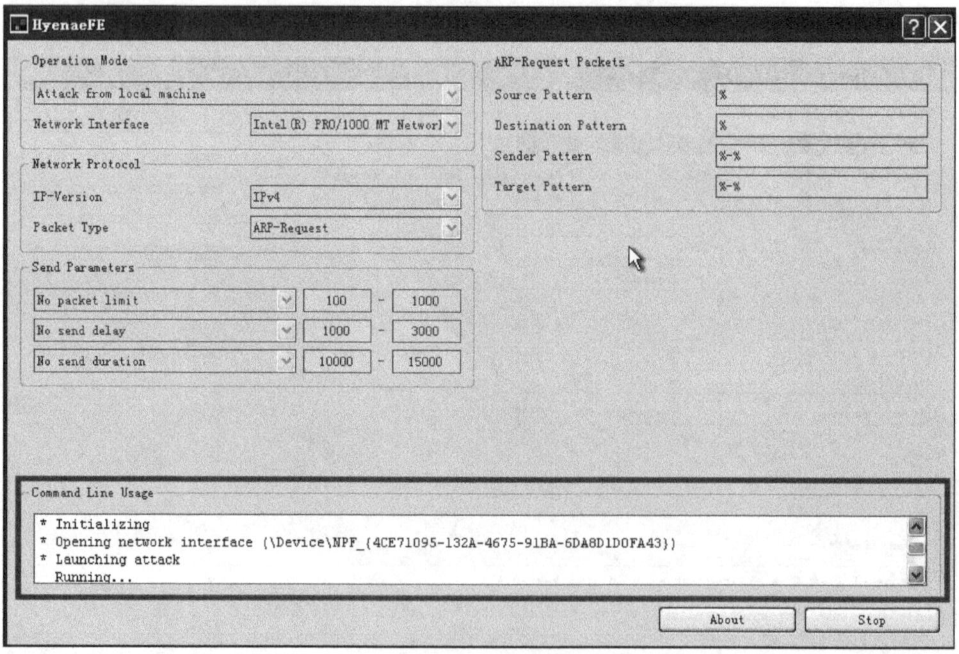

图 3-103　攻击状态显示

3. 配置 DDoS 防护中的 ARP 防护策略,使得外网用户正常访问内网服务器网页

(1) 在管理机中打开浏览器,在地址栏中输入入侵防御系统产品的 IP 地址 https://10.0.0.1(以实际设备 IP 地址为准),进入入侵防御系统的登录界面。输入管理员用户名 admin 和密码!1fw@2soc♯3vpn 登录入侵防御系统。选择面板上方导航栏中的"可视"→"日志显示"→"DDoS 防护日志"菜单命令,可见,在入侵防御设备上未开启 ARP Flood 攻击防护时,无 ARP Flood 防护日志,如图 3-104 所示。

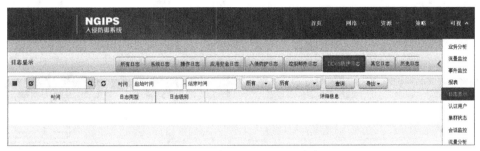

图 3-104　发现 ARP Flood 攻击

(2) 选择面板上方导航栏中的"策略"→"DDoS 防护"菜单命令,如图 3-105 所示。

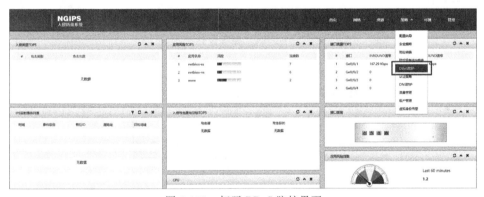

图 3-105　打开 DDoS 防护界面

(3) 在"DDoS 防护"界面,在"全局防护"标签页中选中"ARP 防护"的所有方框,并在 "防护 ARP 洪水"旁的方框内输入启动防护的阈值为 5,表示超过 5 个 ARP 洪水包即启动 ARP 防护,如图 3-106 所示。

(4) 再单击右上角的磁盘按钮,保存配置参数,如图 3-107 所示。

(5) 单击磁盘按钮后,会弹出"配置保存成功"的界面,如图 3-108 所示。

(6) 选择面板上方导航栏中的"可视"→"日志显示"菜单命令,如图 3-109 所示。

(7) 在"日志显示"界面,可见入侵防御系统记录的 ARP Flood 攻击,表明入侵防御系统已识别 ARP Flood 攻击并阻断数据包,对后端连接的内网服务器实现安全防护,如图 3-110 所示。

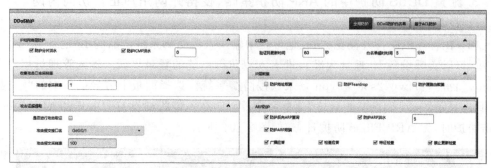

图 3-106　设置 ARP 防护策略

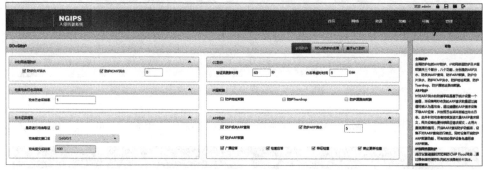

图 3-107　保存设置

图 3-108　配置保存成功

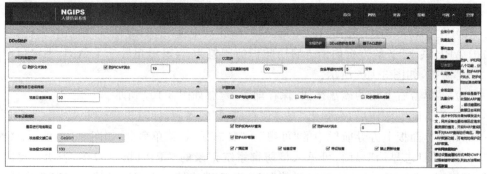

图 3-109　进入日志显示

图 3-110　攻击记录

（8）进入实验拓扑下方的红色方框内网主机 WXPSP3，如图 3-111 所示。

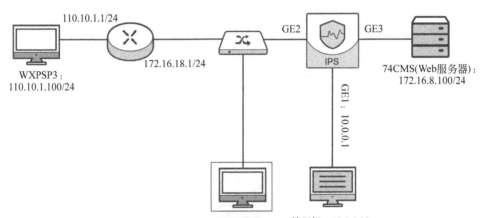

图 3-111　重新登录下方的 WXPSP3

（9）在 HyenaeFE 软件界面，单击下方的 Stop 按钮，停止 ARP 攻击，如图 3-112 所示。

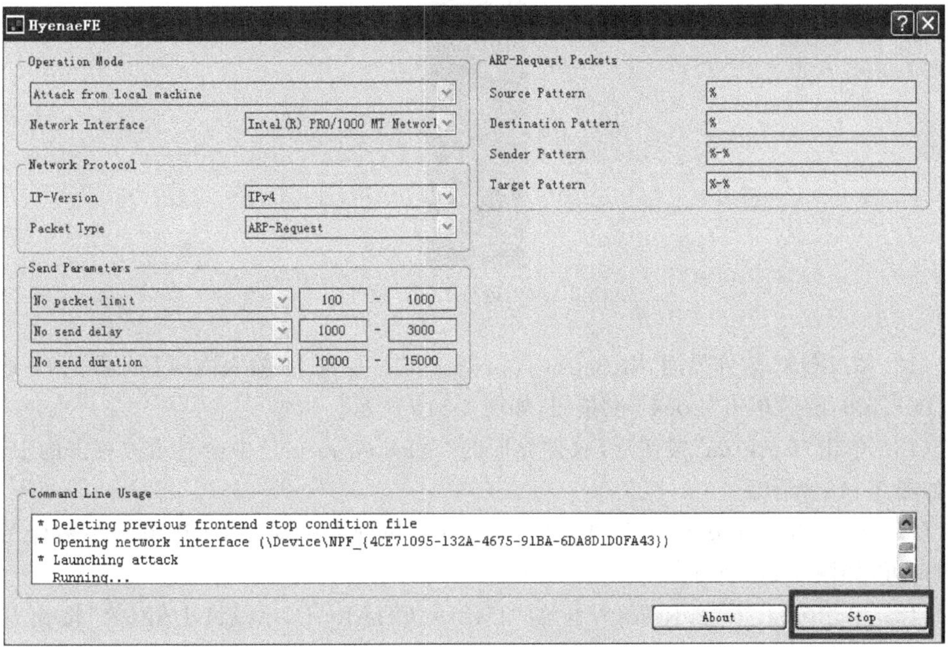

图 3-112　停止 ARP 攻击

（10）返回实验拓扑中左侧模拟外网的虚拟机 WXPSP3，如图 3-113 所示。

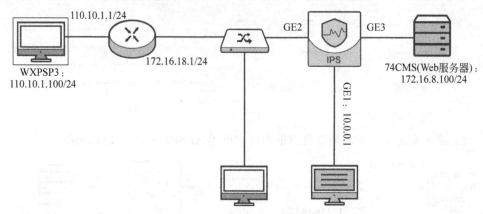

图 3-113　访问左侧的 WXPSP3 虚拟机

（11）在虚拟外网的虚拟机中，双击桌面上的 LOIC.exe 快捷方式，准备发起 DoS 攻击，如图 3-114 所示。

图 3-114　运行 LOIC 软件

（12）在 LOIC 软件界面，"1.Select your target"一栏的 IP 输入内网服务器的 IP 地址 172.16.8.100，随后单击"Lock on"按钮，如图 3-115 所示。

（13）单击"Lock on"按钮后，软件界面的"Selected target"中会显示被攻击的 IP 地址，如图 3-116 所示。

（14）在"3.Attack options"一栏中，Method 下拉列表中选择 UDP，其他参数保留默认值即可，如图 3-117 所示。

（15）单击右上方"2.Ready?"中的"IMMA CHARGIN MAH LAZER"按钮开始

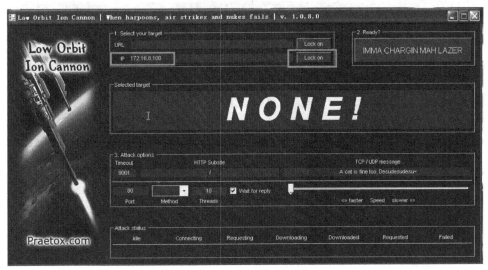

图 3-115　输入攻击地址

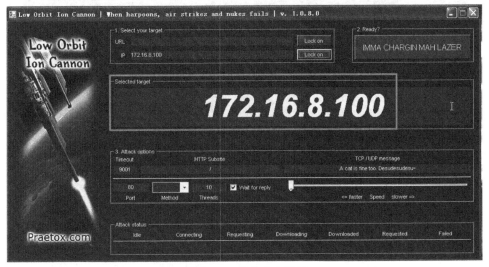

图 3-116　锁定攻击目标

UDP Flood 攻击,如图 3-118 所示。

3. 外网发起 DDoS 攻击,内网服务器可抓取攻击包

(1) 登录实验拓扑右侧的服务器虚拟机 74CMS,如图 3-119 所示。

(2) 在虚拟机中,双击桌面上的 Wireshark 快捷方式,运行 Wireshark 软件,如图 3-120 所示。

(3) 在 Wireshark 软件界面,单击左侧中部的"Intel(R) PRO/1000 MT Network"网卡,再单击上方的 Start 按钮,开始抓包,如图 3-121 所示。

(4) 开始抓取数据包后,可见抓取到的攻击数据包,如图 3-122 所示。

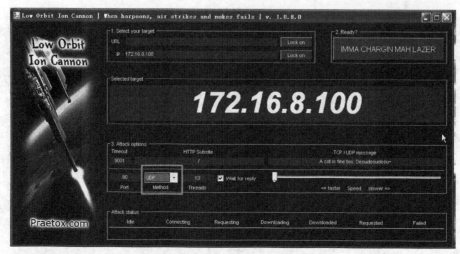

图 3-117 选择泛洪攻击方式

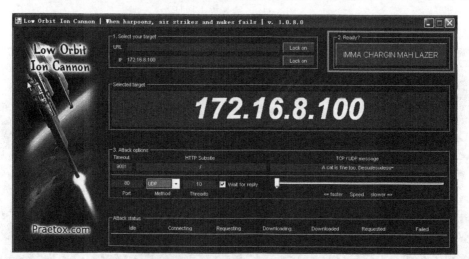

图 3-118 开始 UDP Flood 攻击

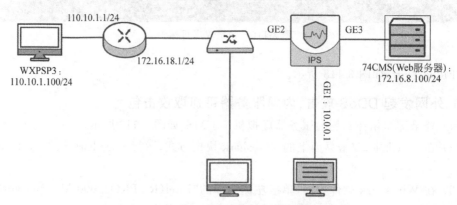

图 3-119 登录右侧的服务器虚拟机 74CMS

图 3-120　运行 Wireshark 软件

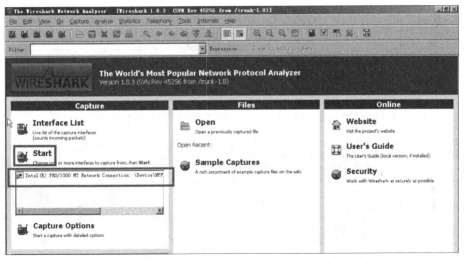

图 3-121　选择抓取数据包的网卡

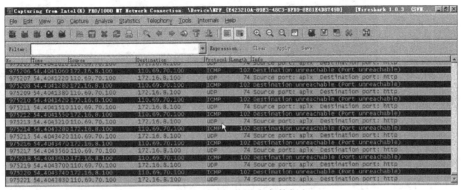

图 3-122　抓取到的攻击数据包

（5）单击其中的 Protocol 标注为 UDP 的数据包，在最下方可见其中的数据报文内容，如图 3-123 所示。

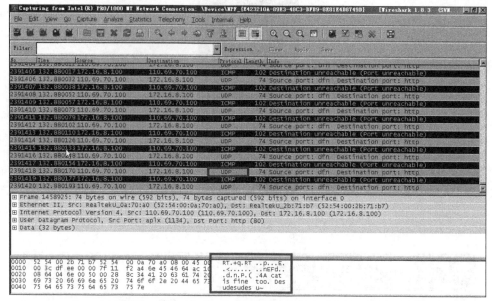

图 3-123　数据报文内容

（6）在攻击数据包中显示的内容可见"A cat is fine too.Desudesudes u ～"字样，与 LOIC 软件中攻击包内的标识相同，表明内网服务器已被外网主机攻击，如图 3-124 所示。

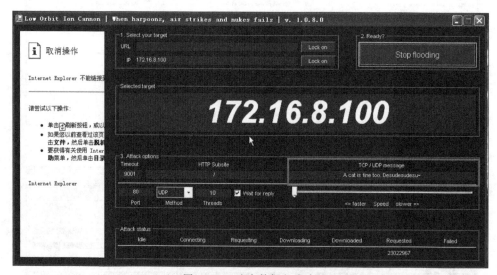

图 3-124　攻击数据包内容

4. 配置 DDoS 防护中的基于 ACL 防护策略，对攻击数据包进行阻断

（1）在管理机中打开浏览器，在地址栏中输入入侵防御系统产品的 IP 地址 https://

10.0.0.1(以实际设备 IP 地址为准),进入入侵防御系统的登录界面。输入管理员用户名admin 和密码!1fw@2soc♯3vpn 登录入侵防御系统。单击面板上方导航栏中的"策略"→"DDoS 防护"菜单命令,如图 3-125 所示。

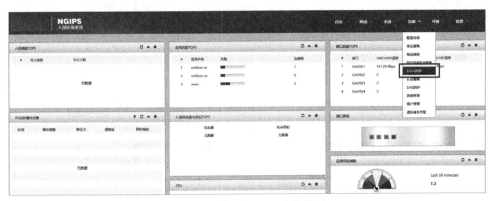

图 3-125 打开 DDoS 防护界面

(2) 在"DDoS 防护"界面,单击"基于 ACL 防护"标签页,并单击"洪水防护规则"一栏中的"+"号准备添加防护规则,如图 3-126 所示。

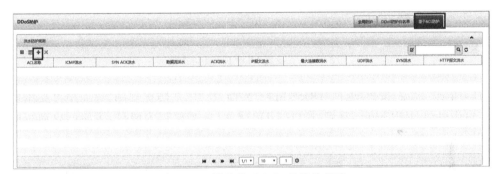

图 3-126 设置基于 ACL 的防护策略

(3) 在弹出的"洪水防护规则"界面,ACL 会选取之前实验步骤中添加的 ACL 对象acl1,如果有多条 ACL 对象,则需在下拉框中进行选取,如图 3-127 所示。

图 3-127 设置 ACL 对象

(4) 在"洪水防护规则"界面,选中"UDP 洪水",保留"统计选项"的选择,"统计方式"选择"全局统计","阈值"输入 0。该阈值表明每秒检测到指定个数以上的 UDP Flood 攻击包开始阻断,指定个数的 UDP Flood 数据包是放行的,第二秒重新计数。在本实验中,阈值设置为 0 即发现就阻断数据包,如图 3-128 所示。

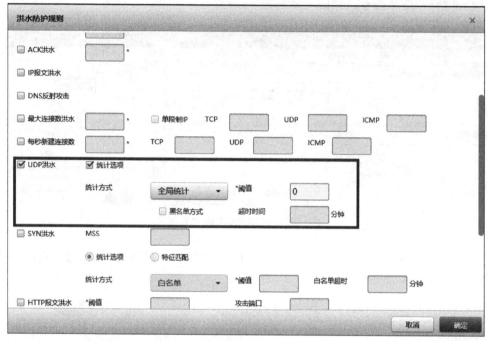

图 3-128　设置 UDP Flood 防护值

（5）单击"确定"按钮,返回"DDoS 防护"界面,在"洪水防护规则"界面中可见添加的规则,由于启动 UDP Flood 规则,所以"UDP 洪水"一列标识为绿色,表明已启动相应规则,如图 3-129 所示。

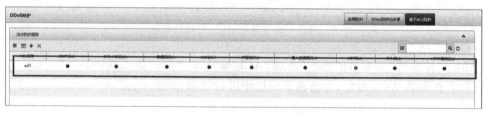

图 3-129　添加的防护规则

（6）单击右上方的磁盘按钮,保存当前配置,如图 3-130 所示。

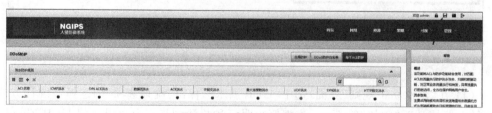

图 3-130　保存当前配置

（7）单击磁盘按钮后，显示"配置保存成功"的提示，如图 3-131 所示。

图 3-131　配置保存成功

（8）登录实验拓扑右侧的内网服务器虚拟机 74CMS，在 Wireshark 软件界面中可见没有接收到 UDP Flood 攻击包，表明攻击包已被入侵防御系统阻断，如图 3-132 所示。

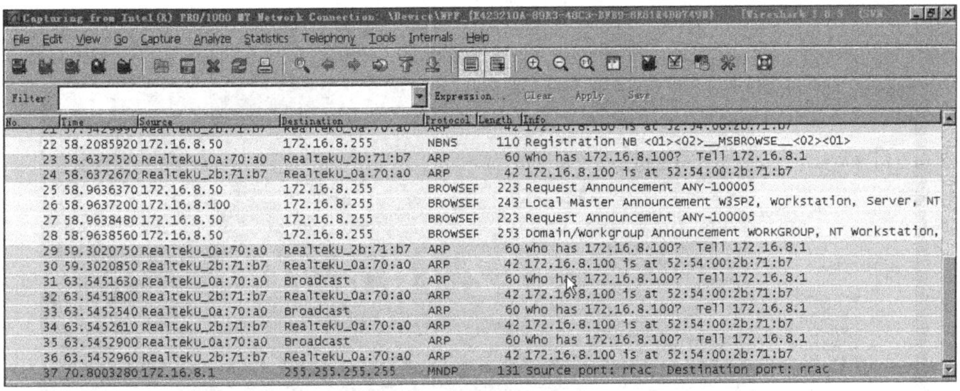

图 3-132　抓取数据包

（9）在 UDP Flood 防护参数中，除之前设置的模式外，还有 3 种防护模式："统计方式"设置为"源 IP 统计"，"阈值"为 10，表明每秒检测到同一个源 IP 有 10 个以上 UDP Flood 攻击包时开始阻断，前 10 个放行，第二秒开始重新计数；"统计方式"设置为"全局统计"，"阈值"为 10，选中下方的"黑名单"，"超时时间"设置为 5 分钟，表明每秒检测到有 10 个以上 UDP Flood 攻击包时开始阻断，前 10 个放行并阻断 5 分钟，5 分钟后开始重新计数；"统计方式"设置为"源 IP 统计"，"阈值"为 10，选中下方的"黑名单"，"超时时间"设置为 5 分钟，表明每秒检测到同一源 IP 有 10 个以上 UDP Flood 攻击包时开始阻断，前 10 个放行并阻断 5 分钟，5 分钟后开始重新计数。学生可自行调整相关参数，查看实验结果。

（10）登录实验拓扑左侧的外网虚拟机 WXPSP3，调整攻击方式，准备开始 HTTP Flood 攻击，如图 3-133 所示。

（11）在外网虚拟机的 LOIC 软件界面，单击右上角的"Stop flooding"按钮，停止 UDP Flood 攻击，如图 3-134 所示。

（12）在软件界面的"3.Attack options"一栏中，Method 选择 HTTP，并再次单击右上角的"IMMA CHARGIN MAH LAZER"按钮，开始 HTTP Flood 攻击，如图 3-135 所示。

（13）登录实验拓扑右侧的内网服务器虚拟机 74CMS，如图 3-136 所示。

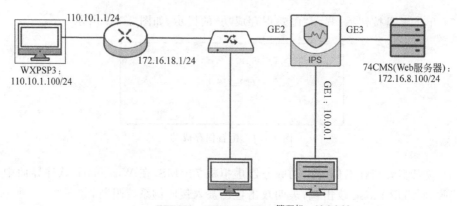

图 3-133　登录左侧的外网虚拟机 WXPSP3

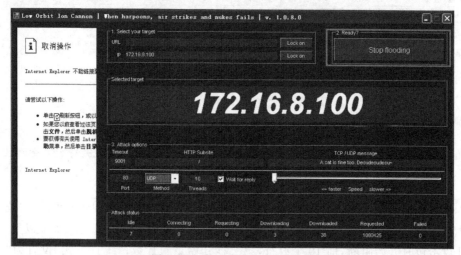

图 3-134　停止 UDP Flood 攻击

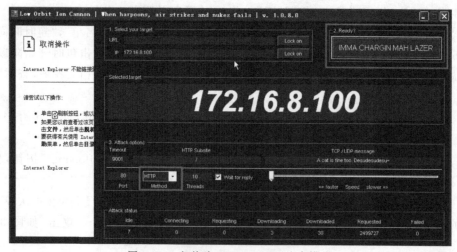

图 3-135　切换为 HTTP Flood 攻击模式

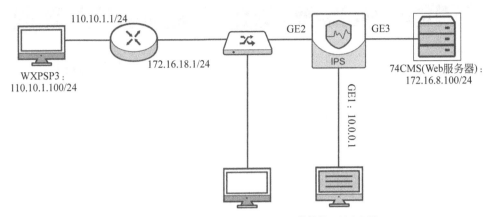

图 3-136　登录右侧的内网服务器虚拟机 74CMS

（14）在虚拟机中的 Wireshark 软件中，可见抓取到的 HTTP Flood 攻击包，如图 3-137 所示。

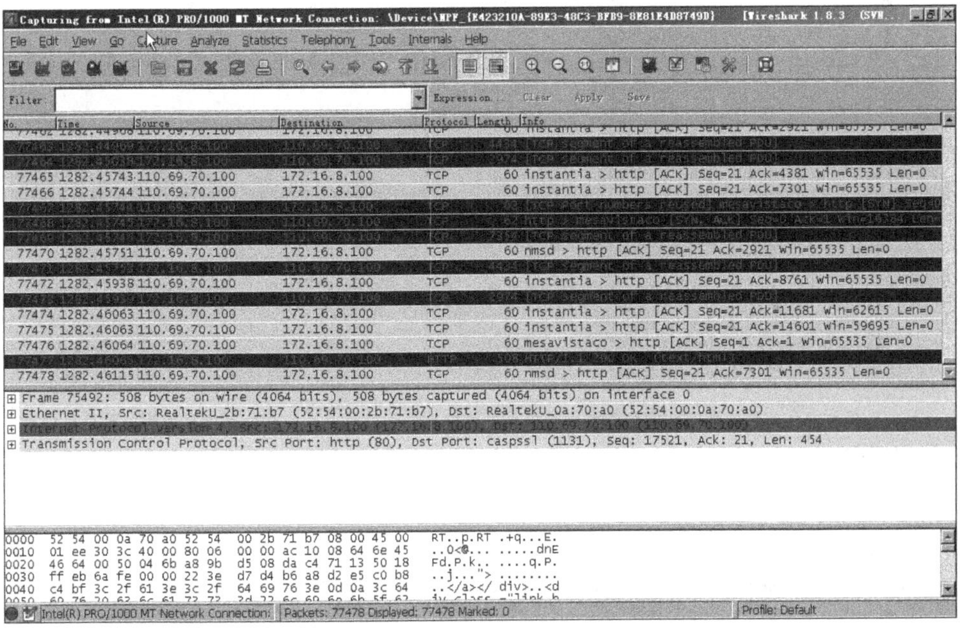

图 3-137　抓取到 HTTP Flood 攻击包

（15）在管理机中打开浏览器，在地址栏中输入入侵防御系统产品的 IP 地址 https://10.0.0.1（以实际设备 IP 地址为准），进入入侵防御系统的登录界面。输入管理员用户名 admin 和密码!1fw@2soc♯3vpn 登录入侵防御系统。选择面板上方导航栏中的"策略"→"DDoS 防护"菜单命令，如图 3-138 所示。

（16）在"DDoS 防护"界面中，单击"基于 ACL 防护"标签页，再双击之前步骤中添加的洪水防护规则，如图 3-139 所示。

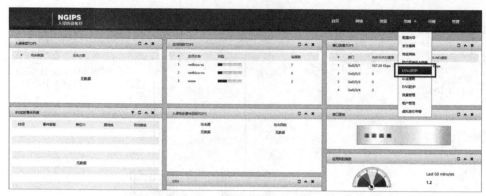

图 3-138　打开 DDoS 防护界面

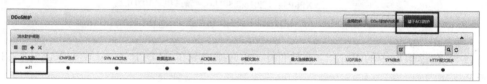

图 3-139　编辑洪水防护规则

（17）在弹出的"洪水防护规则"界面，选中"HTTP 报文洪水"，"阈值"设置为 0，"攻击端口"设置为 80，如图 3-140 所示。

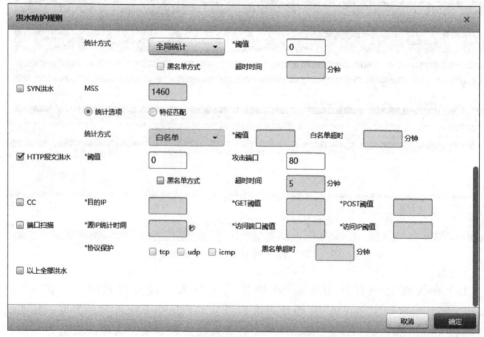

图 3-140　设置 HTTP Flood 防护参数

（18）单击"确定"按钮，返回"DDoS 防护"界面，可见"洪水防护规则"中对应规则"HTTP 报文洪水"一列已变为绿色，如图 3-141 所示。

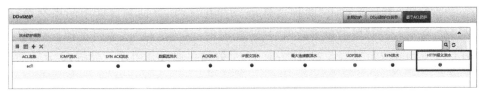

图 3-141　增加 HTTP Flood 防护选项

（19）单击右上方的磁盘按钮，保存当前配置，如图 3-142 所示。

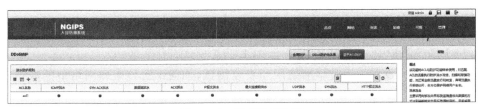

图 3-142　保存当前配置

（20）单击磁盘按钮后，显示"配置保存成功"的提示，如图 3-143 所示。

图 3-143　配置保存成功

（21）登录实验拓扑右侧的内网服务器虚拟机 74CMS，在 Wireshark 软件界面中可见基本没有 HTTP Flood 数据包，如图 3-144 所示。

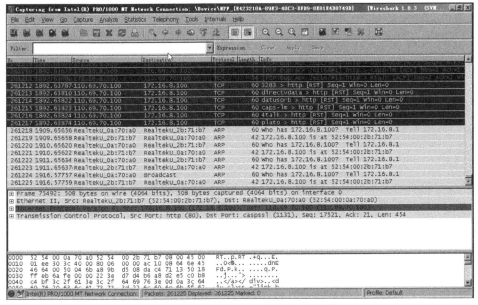

图 3-144　HTTP Flood 数据包被阻断

（22）在"HTTP 报文洪水"防护参数中，与 UDP Flood 防护参数中的黑名单相似。"阈值"设置为 10，采用"黑名单方式"，设置"超时时间"为 5 分钟，表明每秒检测到 10 个以上 HTTP Flood 攻击包后开始阻断，前 10 个数据包通过并阻断 5 分钟，5 分钟后开始重新计数。

（23）本实验以 ARP 攻击、UDP Flood、HTTP Flood 3 种攻击方式为例，其他防护方式可参考这 3 种方式进行设置。本实验对这 3 种攻击方式均实现安全防护，满足实验预期。

【实验思考】

（1）DDoS 防护中，全局防护与基于 ACL 防护模式有什么区别？

（2）如果内网设置一个蜜罐网络用于安全测试，如何配置该蜜罐网络中的数据安全防护？

第 4 章 入侵检测与入侵防御系统数据分析

入侵检测系统对流量进行实时采集并进行深度分析,将发现的攻击或威胁进行记录并实时报警,用户可以随时对用户网络目前正在发生或是可能构成潜在威胁的安全事件进行调用查看、分析和确认。数据分析是发现可疑攻击行为的重要过程,入侵检测系统采用深度数据分析技术,通过多次的数据查询和统计操作,用户可以从大量的时间告警中快速准确地找到所需的数据。

入侵防御系统可以用来监视网络的各种传输行为,当出现异常行为时,及时对网络访问进行阻断。掌握入侵防御系统业务分析、流量监控、事件监控、会话监控后,就能使用入侵防御系统,同时通过报告管理功能生成各种报表。当入侵事件发生后,可以从指定的接口镜像攻击报文,形成取证数据包,实现对流经入侵防御系统攻击数据的取证。

4.1 入侵防御系统业务分析实验

【实验目的】

通过信息系统近期的统计信息分析信息系统的业务状态。

【知识点】

全局开关、业务分析。

【场景描述】

A 公司的张经理要求安全运维工程师小王定期对入侵防御系统收集到的各类事件进行汇总分析,用于优化公司信息系统的安全设置。小王需要使用入侵防御系统中的可视功能汇总和分析各类数据,请思考应如何配置和分析入侵防御系统的可视化数据。

【实验原理】

在入侵防御系统的可视化界面,应用排名显示连接数最大的前 5 个应用。文件控制排名显示匹配次数最多的前 5 种文件类型。IPS 排名显示攻击次数最多的前 5 种攻击类别。AV 排名显示按照攻击次数排序中最常见的 5 种病毒类型。木马排名中显示最易被攻击的前 5 个网站名称。URL 过滤排名显示匹配次数中最多的前 5 个 URL。数据防护排名中显示出现次数最多的前 5 个关键字。用户事件排名中显示事件次数最多的前 5 个用户。

【实验设备】

安全设备：SecIPS 3600 入侵防御系统设备 1 台。

网络设备：路由器 1 台,交换机 1 台。

主机终端：Windows 2003 SP2 主机 2 台,Windows XP SP3 主机 2 台,Windows 7 主机 1 台。

【实验拓扑】

入侵防御系统业务分析实验拓扑图如图 4-1 所示。

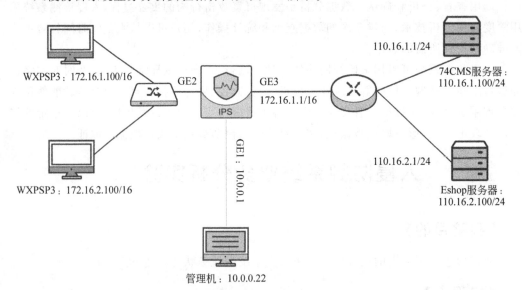

图 4-1   入侵防御系统业务分析实验拓扑图

【实验思路】

(1) 配置桥接口。

(2) 创建地址对象。

(3) 创建网址过滤黑白名单,配置对应的策略。

(4) 创建新的 URL 分类,配置对应的策略。

(5) 打开全局开关。

(6) 查看业务分析的可视化界面。

【实验步骤】

(1) 在管理机中打开浏览器,在地址栏中输入入侵防御系统产品的 IP 地址 https://

10.0.0.1(以实际设备 IP 地址为准),进入入侵防御系统的登录界面。输入管理员用户名 admin 和密码!1fw@2soc♯3vpn 登录入侵防御系统。在弹出的提示修改密码界面单击 "取消"按钮。

(2) 登录入侵防御系统设备后,会显示入侵防御系统的界面。

(3) 选择界面上方导航栏中的"网络"→"网络接口"菜单命令。

(4) 在"网络接口"界面找到"逻辑桥接口"部分,单击"+"按钮创建新的逻辑桥。

(5) 在"+"界面,输入"桥接口 ID"为 10,选中"启用桥接口","绑定接口"选择"Ge0/ 0/2,Ge0/0/3"。

(6) 选择界面上方导航栏中的"资源"→"资源对象"菜单命令。

(7) 在"资源对象"界面,单击"地址资源"的"+"按钮,增加地址对象。

(8) 在"+"界面,输入"名称"为 any,选中"网段","地址框"中输入 0.0.0.0,"子网掩码"选择 0.0.0.0。

(9) 选择面板上方导航栏中的"资源"→"策略对象"菜单命令。

(10) 在"策略对象"界面,单击"网址过滤"的"+"按钮,创建黑、白名单。

(11) 在"+"界面,"URL 过滤名称"输入 noshop,"黑名单过滤方式"选择"关键字", "URL 黑名单"输入 110.16.2.100 确认无误后单击"添加"按钮,"白名单过滤方式"选择 "关键字","URL 白名单"输入 110.16.1.100 确认无误后单击"添加"按钮,最后单击"确定"按钮。

(12) 在"策略对象"界面,选择"URL 类"。

(13) 在"URL 类"界面,选择"URL 自定义类"部分,单击"+"按钮新建 URL 类。

(14) 在"+"界面,"组名称"输入 nothing,"URL 地址"填 110.16.1.100,单击"添加"按钮。

(15) 在"+"界面,"URL 地址"中输入 110.16.2.100,单击"添加"按钮,确认信息无误后单击"确定"按钮。

(16) 在"URL 类"界面,选择"URL 类"部分,单击"+"按钮创建新的 URL 分类。

(17) 在"+"界面,"分类名称"输入 noshop,在"URL 分类列表"中找到新建的分类 nothing,单击">>"按钮,最后单击"确定"按钮。

(18) 选择面板上方导航栏中的"策略"→"安全策略"菜单命令,在"安全策略"界面单击"+"按钮,添加新的安全策略。

(19) 在"编辑策略"界面,"策略名称"输入 noshop,选择"源","源 IP 对象"选择 any。

(20) 在"编辑策略"界面,选择"目的","目的 IP 对象"选择 any。

(21) 在"编辑策略"界面,选择"URL 分类","URL 分类"选择 noshop。

(22) 在"编辑策略"界面,选择"安全业务","URL 过滤"选择 noshop,其他保持默认配置。

(23) 在"编辑策略"界面,选择"动作","操作"选择"接受",确认无误后单击"确定"按钮。

(24) 选择界面上方导航栏中的"管理"→"全局配置"菜单命令,如图 4-2 所示。

(25) 进入"全局配置"界面。

图 4-2　全局配置

（26）在"全局配置"界面找到"日志记录"，将除"黑名单类日志"和"包过滤默认通过日志"的开关都打开，单击"确定"按钮，如图 4-3 所示。

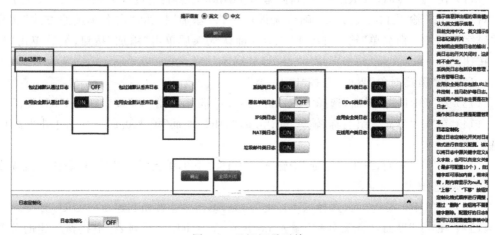

图 4-3　日记记录开关

（27）在"全局配置"界面，选择"全局开关"按钮。

（28）在"全局开关"界面，将"流量统计"的开关都打开，其他选项保持默认值，并单击界面下方的"确定"按钮。

【实验预期】

在入侵防御系统的业务分析可视化界面查看最近一段时间内的事件统计信息，在此次实验中可以查看到 URL 过滤排名、用户事件排名、源区域事件排名、目的区域事件排名。

【实验结果】

（1）登录实验平台对应实验拓扑左侧的任意一台 WXPSP3 虚拟机（代表公司的不同

部门），如图 4-4 所示。

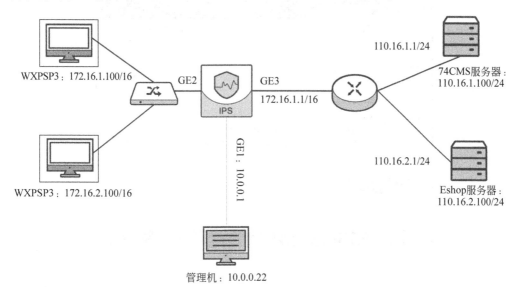

图 4-4　登录左侧的任意一台 WXPSP3 虚拟机

（2）双击虚拟机桌面上的火狐浏览器。

（3）在火狐浏览器的地址框中输入 http://110.16.1.100（在 URL 过滤白名单中），确认无误后按 Enter 键成功转到相应网站，如图 4-5 所示。

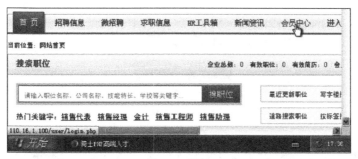

图 4-5　网站

（4）在火狐浏览器的地址栏中输入 http://110.16.2.100（不在 URL 过滤白名单中），确认无误后按 Enter 键，发现不能转到相应网站，URL 管控成功符合预期，如图 4-6 所示。

（5）在管理机中打开浏览器，在地址栏中输入入侵防御系统产品的 IP 地址 https://10.0.0.1（以实际设备 IP 地址为准），进入入侵防御系统的登录界面。输入管理员用户名 admin 和密码!1fw@2soc#3vpn 登录入侵防御系统，如图 4-7 所示。

（6）登录入侵防御系统设备后，会显示入侵防御系统的面板界面，如图 4-8 所示。

（7）选择面板上方导航栏中的"可视"→"业务分析"菜单命令，如图 4-9 所示。

（8）选择业务分析时间，如图 4-10 所示。

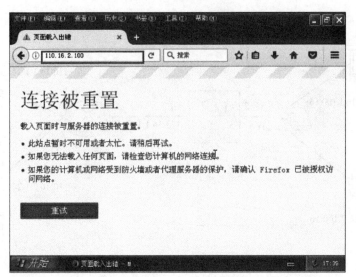

图 4-6　连接失败

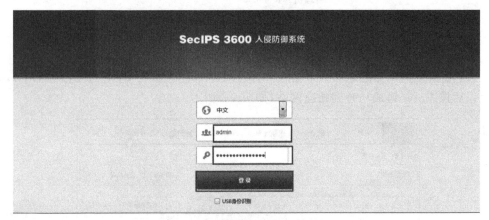

图 4-7　入侵防御系统登录界面

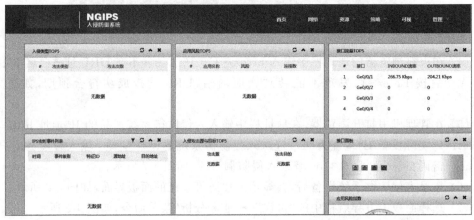

图 4-8　入侵防御系统的面板界面

图 4-9　业务分析

图 4-10　选择业务分析时间

（9）在"业务分析"界面，可以看到"URL 过滤排名"的数据，符合预期，如图 4-11
所示。

图 4-11　URL 过滤排名

（10）在"业务分析"界面，可以看到"用户事件排名"的数据，符合预期，如图 4-12 所示。

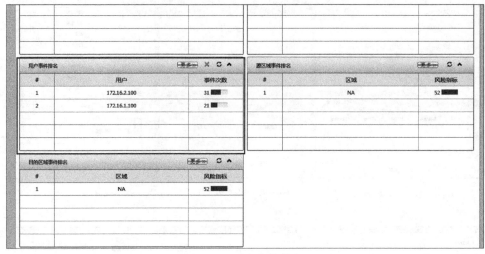

图 4-12　用户事件排名

（11）在"业务分析"界面，可以看到"源区域事件排名"的数据，符合预期，如图 4-13 所示。

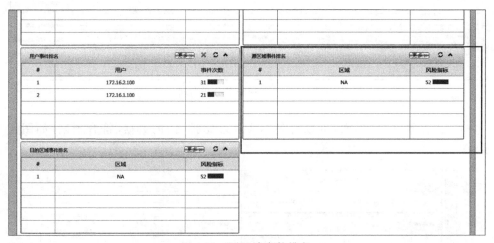

图 4-13　源区域事件排名

（12）在"业务分析"界面，可以看到"目的区域事件排名"的数据，符合预期，如图 4-14 所示。

（13）综上所述，在入侵防御系统的可视化界面查看到了业务分析数据，符合预期。

【实验思考】

（1）这些可视化数据可以保存导出吗？

（2）如何找回丢失的数据？

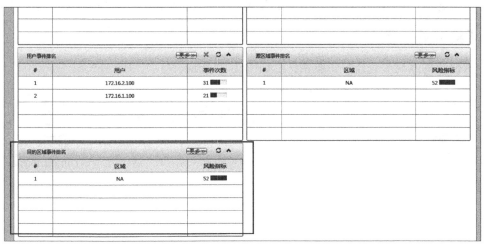

图 4-14　目的区域事件排名

4.2　入侵防御系统流量监控实验

【实验目的】

管理员通过对入侵防御系统的接口 IP、应用组对象等进行配置,能够监控通过入侵防御系统设备的流量信息。

【知识点】

全局开关、流量监控。

【场景描述】

A 公司的安全运维工程师小王接到其他部门的反馈,最近上网速度比较缓慢,小王想通过入侵防御系统进行流量监控和分析,请思考应如何分析入侵防御系统的流量监控数据。

【实验原理】

IPS 的流量可视化模块将组织网络使用情况以可视化形式帮助管理员了解当前网络的运行情况,管理员可以直接查看接口流量统计图、当前应用流量 TOP10 等信息。这些功能可帮助网络管理员透视整个组织网络应用现状,及时发现当前网络中过度占用带宽的应用,合理调整带宽管理策略,保证重要应用业务带宽的优先级。

【实验设备】

安全设备：SecIPS 3600 入侵防御系统设备 1 台。

网络设备：路由器 1 台。

主机终端：Windows XP SP3 主机 1 台，Windows 2003 主机 1 台，Windows 7 主机 1 台。

【实验拓扑】

入侵防御系统流量监控实验拓扑图如图 4-15 所示。

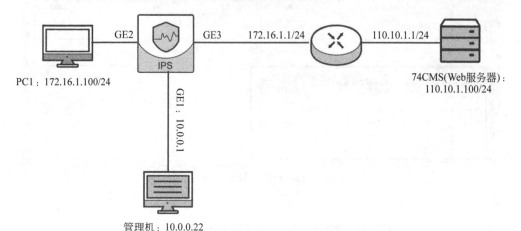

图 4-15　入侵防御系统流量监控实验拓扑图

【实验思路】

（1）增加逻辑桥接口。

（2）增加地址对象。

（3）增加应用组对象。

（4）增加安全策略。

【实验步骤】

（1）在管理机中打开浏览器，在地址栏中输入入侵防御系统产品的 IP 地址 https://10.0.0.1（以实际设备 IP 地址为准），进入入侵防御系统的登录界面。输入管理员用户名 admin 和密码!1fw@2soc♯3vpn 登录入侵防御系统。当弹出修改密码的窗口时，单击"取消"按钮。

（2）可见入侵防御系统面板界面，成功登录到设备面板。

（3）选择设备面板上方导航栏中的"网络"→"网络接口"菜单命令。

（4）在"网络接口"界面的"逻辑桥接口"中单击"＋"按钮，增加逻辑桥接口。

（5）在"编辑逻辑桥接口"界面，"桥接口 ID"输入 1，选中"启用桥接口"，"绑定接口"选择 Ge0/0/2 和 Ge0/0/3。

（6）单击"确定"按钮，可见成功增加逻辑桥接口。

（7）双击打开"网络接口"界面的"以太网接口"的 Ge0/0/2。

（8）在"编辑以太网接口"界面，"流统计标识"选择 inside，其他保持默认配置。

（9）单击"确定"按钮，双击打开 Ge0/0/3。在"编辑以太网接口"界面，"流统计标识"

选择 outside，其他保持默认配置。

（10）单击"确定"按钮，返回到"网络接口"界面，可见成功设置的以太网接口。

（11）选择界面上方导航栏中的"资源"→"资源对象"菜单命令。

（12）在"资源对象"界面，单击"地址对象"的"＋"按钮增加地址对象。

（13）在"地址对象维护"界面，输入"名称"为"地址 1"，"地址"下一行设置 172.16.1.0、255.255.255.0，其他保持默认配置。

（14）单击"确定"按钮，返回到"资源对象"界面。单击"地址对象"的"＋"按钮，增加地址对象。

（15）在"地址对象维护"界面，输入"名称"为"地址 2"，"地址"下一行设置 110.10.1.0、255.255.255.0，其他保持默认配置。

（16）单击"确定"按钮，返回到"资源对象"界面，可见成功增加的地址对象。

（17）单击"资源对象"面板上方导航栏中的"应用组对象"。

（18）在"应用组对象"界面，单击"＋"按钮，增加应用组对象，如图 4-16 所示。

图 4-16　增加应用组对象

（19）在"应用协议配置"界面，输入"应用对象名称"为 app1，选中"过滤条件"的"或"。单击"基于协议树配置"按钮，选中所有的应用协议。

（20）单击"确定"按钮，可见成功增加的应用组对象。

（21）选择界面上方导航栏中的"策略"→"安全策略"菜单命令，如图 4-17 所示。

（22）在"安全策略"界面，单击"安全策略"的"＋"按钮，增加安全策略。

（23）在"新建策略"界面，输入"策略名称"为 policy1，在"策略条件"的"源"中，"源 IP 对象"选择"地址 1"，其他保持默认配置。

（24）单击"策略条件"一栏的"目的"按钮，"目的 IP 对象"选择"地址 2"，其他保持默认配置。

（25）单击"策略条件"一栏的"应用"按钮，"应用对象"选择 app1，其他保持默认配置。

（26）单击"策略条件"一栏的"动作"按钮，选择"操作"下的"接受"选项。

（27）单击"确定"按钮，返回到"安全策略"界面，可见成功增加的安全策略。

（28）选择界面左侧导航栏中的"管理"→"全局配置"菜单命令。

（29）在"全局配置"界面，确保"日志记录开关"的所有选项都处于 ON 状态，其他保

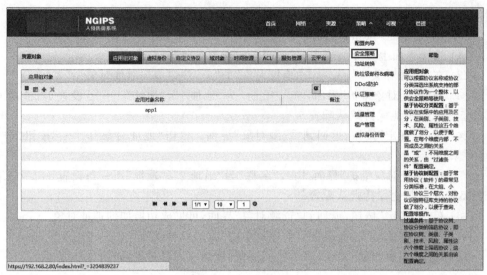

图 4-17   打开安全策略

持默认配置。

(30) 单击"确定"按钮,保存配置。单击"全局配置"上方导航栏中的"全局开关"。

(31) 在"全局开关"界面,保证"流量统计""默认包策略""日志聚合功能"的所有选项都处于 ON 状态,其他保持默认配置。

(32) 单击"确定"按钮,保存配置,配置完毕。

【实验预期】

在 IPS 中可见 PC 访问的流量数据。

【实验结果】

(1) 登录实验平台右侧的 74CMS 虚拟机,进入 PC,如图 4-18 所示。

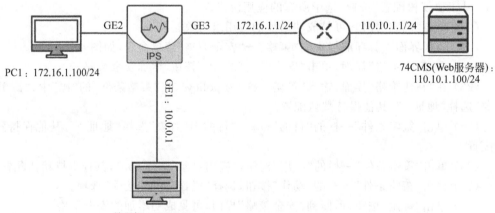

图 4-18   登录实验平台右侧的 74CMS 虚拟机

（2）双击虚拟机任务栏最右侧的 FTP 服务程序图标，如图 4-19 所示。

（3）在弹出的软件界面中，确保"权限"一栏中的"下载文件""上传文件""删除文件""文件改名""新建目录"均选中，同时选中"开机启动"，如图 4-20 所示。

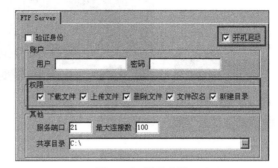

图 4-19　双击 FTP 服务程序图标　　　　　　　图 4-20　设置参数

（4）登录实验平台对应实验拓扑左侧的 PC1 虚拟机，如图 4-21 所示。

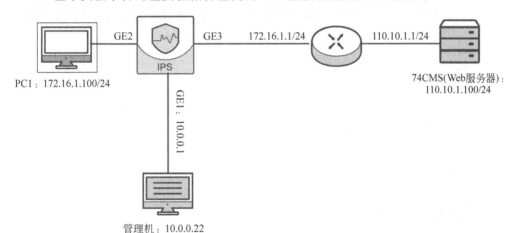

图 4-21　登录左侧的 PC1 虚拟机

（5）在 PC1 虚拟机中，访问 Web 服务器。双击桌面上的 Mozilla Firefox，打开火狐浏览器。

（6）在火狐浏览器的地址栏中输入 110.10.1.100 后按 Enter 键，成功访问到 Web 服务器，如图 4-22 所示。

（7）访问 FTP 服务器。双击桌面上的"我的电脑"。

（8）在地址栏中输入 ftp：//110.10.1.100 后按 Enter 键，成功访问 FTP 服务器，如图 4-23 所示。

（9）发送 ICMP 数据包。选择"开始"→"命令提示符"菜单命令。

（10）在"命令提示符"界面中输入命令 ping 110.10.1.100 后按 Enter 键，成功向服务端发送 ICMP 数据包。

（11）在管理机中打开浏览器，在地址栏中输入入侵防御系统产品的 IP 地址

图 4-22 访问 Web 服务器

图 4-23 成功访问 FTP 服务器

https://10.0.0.1(以实际设备 IP 地址为准),进入入侵防御系统的登录界面。输入管理员用户名 admin 和密码!1fw@2soc♯3vpn 登录入侵防御系统。选择面板上方导航栏中的"可视"→"流量监控"菜单命令,如图 4-24 所示。

(12) 在"流量监控"界面,可见 Ge0/0/1 有发送和接收流量记录,此接口用于管理员登录 IPS 设备,如图 4-25 所示。

(13) 单击"流量监控"面板上方导航栏中的"应用统计",可见目前耗用流量的应用,如图 4-26 所示。

(14) 下拉浏览器界面,可见流量分布图,可知当前 HTTP 流量很多,网页浏览耗用的流量最多,如图 4-27 所示。

(15) 单击"流量监控"面板上方导航栏中的"接口统计",可见当前 Ge0/0/2 和 Ge0/0/3 的流量数据,如图 4-28 所示。

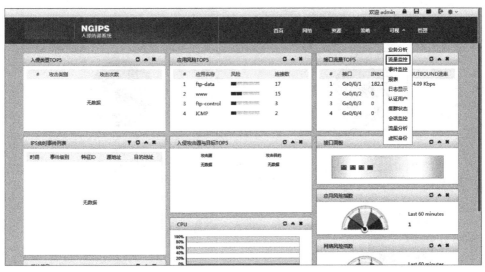

图 4-24 打开流量监控

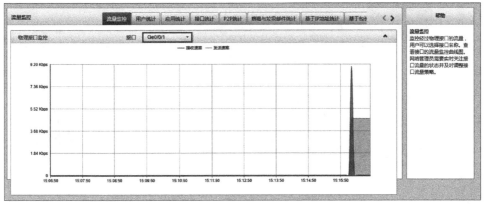

图 4-25 "流量监控"界面

图 4-26 "应用统计"界面

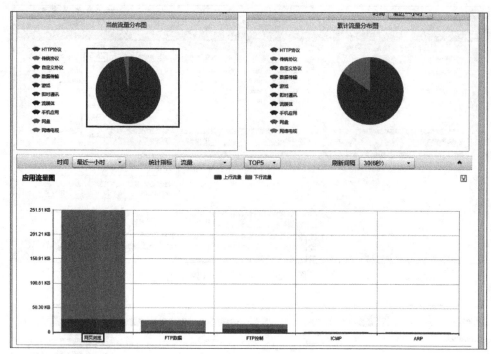

图 4-27　流量分布图

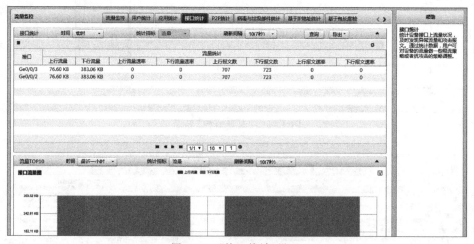

图 4-28　"接口统计"界面

【实验思考】

请思考,ARP 应用流量是怎么产生的?

4.3　入侵防御系统事件监控实验

【实验目的】

入侵防御系统通过事件监控,对检测初的入侵事件根据不同时间段进行统计显示,用于统计和分析入侵防御系统的安全威胁。

【知识点】

SQL 注入、DDoS、资源对象、策略对象、安全策略。

【场景描述】

A 公司收到下发的安全威胁通告,内容为近期网络攻击事件预计会有爆发的趋势。张经理要求安全运维工程师小王对入侵防御系统收集到的各类事件进行汇总,小王需要使用入侵防御系统中的事件监控功能汇总和分析各类事件数据,请思考应如何配置和分析入侵防御系统的事件监控数据。

【实验原理】

事件监控可以对检测出的入侵事件根据历时一小时、一天、一周、一个月进行统计显示,也可以根据攻击类型、攻击来源、攻击目标以及攻击特征等条件统计攻击前 5 的饼图,还可根据事件等级进行统计。通过攻击类型柱状图可以清晰显示各类攻击事件在历时中的攻击次数,也可以通过 IPS 事件列表了解详细的攻击信息。用户可根据查询条件对IPS 事件列表信息进行自定义查询,包括时间、事件名称、事件级别、攻击类别、源和目的地址、源和目的端口、协议、动作以及事件 ID 等多种查询条件。

【实验设备】

安全设备:SecIPS 3600 入侵防御系统设备 1 台。

网络设备:路由器 1 台。

主机终端:Windows 2003 SP2 主机 1 台,Kali 2.0 主机 1 台,Windows 7 主机 1 台。

【实验拓扑】

入侵防御系统事件监控实验拓扑图如图 4-29 所示。

【实验思路】

(1) 配置桥接口。

(2) 配置网络接口。

(3) 配置地址对象。

(4) 配置安全策略。

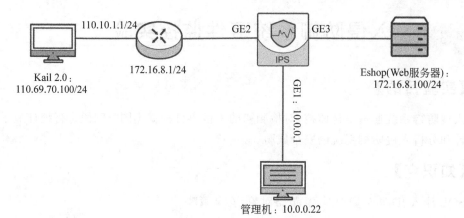

Kail 2.0:
110.69.70.100/24

172.16.8.1/24

GE2   GE3

GE1: 10.0.0.1

Eshop(Web服务器):
172.16.8.100/24

管理机: 10.0.0.22

图 4-29   入侵防御系统事件监控实验拓扑图

(5) 配置取证设置。

(6) 外网用户对内网服务器进行 Web 漏洞扫描,入侵防御系统对此事件进行统计。

【实验步骤】

(1) 在管理机中打开浏览器,在地址栏中输入入侵防御系统产品的 IP 地址 https://10.0.0.1(以实际设备 IP 地址为准),进入入侵防御系统的登录界面。输入管理员用户名 admin 和密码!1fw@2soc♯3vpn 登录入侵防御系统。

(2) 单击"登录"按钮,会弹出修改出厂原始密码的提示框,单击"取消"按钮。

(3) 单击"取消"按钮登录入侵防御系统设备后,会显示入侵防御系统的面板界面。

(4) 选择界面上方导航栏中的"网络"→"网络接口"菜单命令。

(5) 在"网络接口"界面,单击"逻辑桥接口"的"+"按钮增加桥接口。

(6) 在"编辑逻辑桥接口"界面,输入"桥接口 ID"为 1,选中"启用桥接口","绑定接口"选择"Ge0/0/2,Ge0/0/3"。

(7) 单击"确定"按钮,返回到"网络接口"界面,可见成功增加的桥接口。

(8) 在"网络接口"界面,双击"以太网接口"的 Ge0/0/2。

(9) 在"编辑以太网接口"界面,"流统计标识"选择 outside,其他保持默认配置。

(10) 单击"确定"按钮,返回到"网络接口"界面,再双击"以太网接口"的 Ge0/0/3,在弹出的"编辑以太网接口"界面中,"流统计标识"选择 inside,其他保持默认配置。

(11) 单击"确定"按钮,返回到"网络接口"界面,可见配置成功的以太网接口。

(12) 选择面板上方导航栏中的"资源"→"资源对象"菜单命令,显示当前的资源列表。

(13) 在"资源对象"界面,单击"地址对象"的"+"按钮增加地址对象。

(14) 在"地址对象维护"界面,在"名称"一栏中输入 any,在"地址"一栏中选择"网段",下方的 IP 地址输入 0.0.0.0,掩码输入 0.0.0.0,其他保持默认配置。

(15) 单击"确定"按钮,返回到"资源对象"界面,可见添加的 any 地址对象。

(16) 选择"资源"→"策略对象"菜单命令,显示"策略对象"界面,如图 4-30 所示。

(17) 单击"策略对象"界面中的"入侵特征对象"标签页,入侵防御系统默认预置了 7

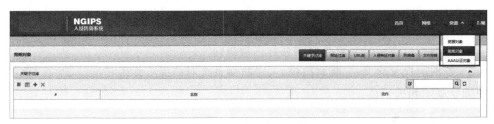

图 4-30　进入策略对象

个模板,本实验使用默认的 ips 模板。

（18）选择界面上方导航栏中的"策略"→"安全策略"菜单命令,显示当前的安全策略列表。

（19）在"安全策略"界面,单击"安全策略"的"＋"按钮增加安全策略。

（20）在弹出的"新建策略"界面中,"策略名称"输入 scan,在"策略条件"一栏的"源"标签页中,"源 IP 对象"选择 any,其他保持默认配置。

（21）单击"策略条件"一栏的"目的"标签页,"目的 IP 对象"选择 any,其他保持默认配置。

（22）单击"策略条件"一栏的"安全业务"标签页,"入侵防护"选择 ips。

（23）单击"策略条件"一栏的"动作"标签页,选择"操作"下的"接受"选项。

（24）单击"确定"按钮,返回到"安全策略"界面,可见成功添加的安全策略。

（25）在启用防护策略之前,需要开启入侵防御系统的数据日志,以便进行数据统计。选择界面上方导航栏中的"管理"→"全局配置"菜单命令。

（26）在"全局配置"界面,确保"日志记录开关"的所有选项都处于 ON 状态,其他保持默认配置。

（27）单击"确定"按钮,保存配置。再单击"全局配置"一栏中的"全局开关"标签页。

（28）在"全局开关"界面,保证"流量统计""默认包策略""全局开关""日志聚合功能""本地端口扫描检测"的所有选项,以及"安全策略"中的"日志聚合开启"、"应用识别"中的"应用识别"都处于 ON 状态,其他保持默认配置。

（29）单击"确定"按钮后,再单击右上角的磁盘按钮,保存当前设置,如图 4-31 所示。

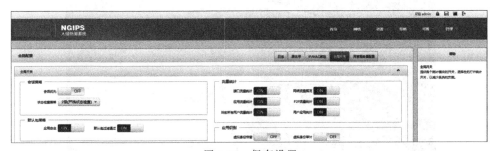

图 4-31　保存设置

（30）单击磁盘按钮后,弹出"配置保存成功"的窗口。

（31）至此,入侵防御系统基本设置完成。

【实验预期】

（1）外网用户访问内网服务器网页可正常访问。

（2）外网用户发起 Web 漏洞扫描，入侵防御系统对扫描事件进行统计，并在"事件监控"界面中显示相关信息。

【实验结果】

1. 外网用户访问内网服务器网页可正常访问

（1）登录实验平台对应实验拓扑左侧标红框的 Kali 2.0 虚拟机，如图 4-32 所示。

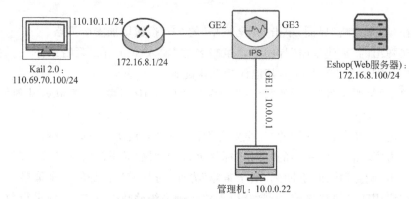

图 4-32　登录左侧的 Kali 2.0 虚拟机

（2）单击虚拟机桌面中左侧工具栏中的冰鼬浏览器快捷方式，运行冰鼬浏览器，如长时间未登录，须输入密码 123456（用户名为 root）登录系统，如图 4-33 所示。

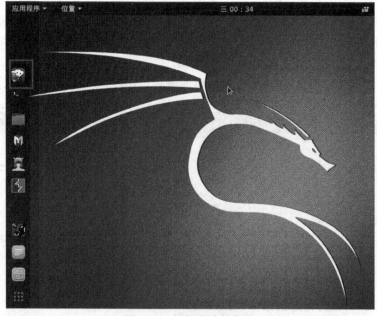

图 4-33　运行冰鼬浏览器

（3）在浏览器的地址栏中输入内网服务器的 IP 地址 172.16.8.100，可正常浏览网页信息，表明服务器及网络工作正常，如图 4-34 所示。

图 4-34　访问服务器网页

2. 外网用户发起 Web 漏洞扫描，入侵防御系统对扫描事件进行统计并在 "事件监控"界面中显示相关信息

（1）返回 Kali 2.0 虚拟机桌面，选择左上角的"应用程序"→"漏洞分析"→nikto 菜单命令，运行 Nikto 软件，如图 4-35 所示。

图 4-35　运行 Nikto 软件

（2）在弹出的命令行界面中输入命令"nikto -h 172.16.8.100 -T 9"，表明漏洞扫描目标是内网服务器 IP 地址 172.16.8.100，-T 表明扫描选项，9 代表扫描选项中的 SQL 注入（可使用 nikto -H 查看详细信息），如图 4-36 所示。

图 4-36　运行 Nikto 扫描漏洞

（3）按 Enter 键，Nikto 开始扫描，在扫描过程中会显示当前网站的漏洞信息，如图 4-37 所示。

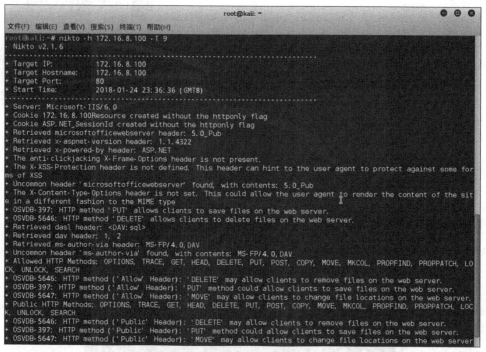

图 4-37　扫描到的服务器信息

（4）扫描完成后（需要运行一段时间，约 8 分钟），显示所有的扫描结果，并恢复到命令行状态，如图 4-38 所示。

（5）在管理机中打开浏览器，在地址栏中输入入侵防御系统产品的 IP 地址 https://10.0.0.1（以实际设备 IP 地址为准），进入入侵防御系统的登录界面。输入管理员用户名

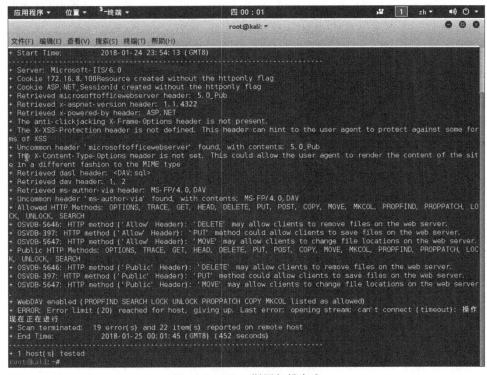

图 4-38　Nikto 漏洞扫描完成

admin 和密码!1fw@2soc♯3vpn 登录入侵防御系统,可见已发现与漏洞扫描相关的信息,如图 4-39 所示。

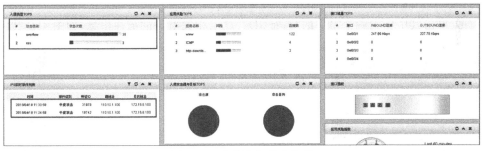

图 4-39　入侵防御信息提示

(6) 选择"可视"→"事件监控"菜单命令,进入事件监控界面,如图 4-40 所示。

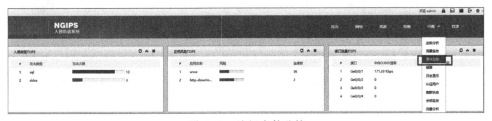

图 4-40　访问事件监控

(7) 在"事件监控"界面的"IPS 事件"标签页中,可见入侵防御系统已抓取的"事件排行""事件级别""攻击类型统计"相关统计,如图 4-41 所示。

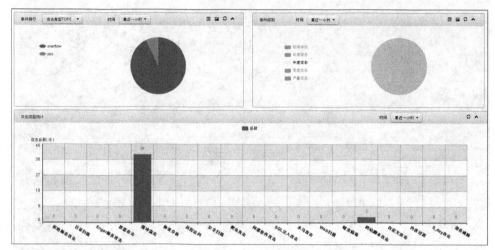

图 4-41　事件监控信息

(8) "IPS 事件列表"界面中显示了相关事件的具体信息,如图 4-42 所示。

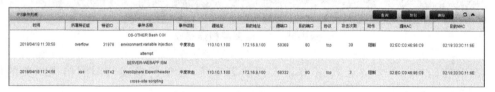

图 4-42　下载对应的数据包

(9) 单击其中任意一个事件的"特征 ID",显示相关事件的描述信息,如图 4-43 所示。

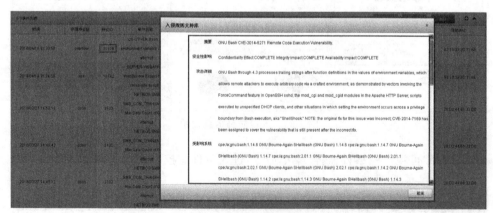

图 4-43　事件的描述信息

(10) 在"IPS 事件列表"一栏中,单击"查询"按钮,可查询指定的内容信息,如图 4-44 所示。

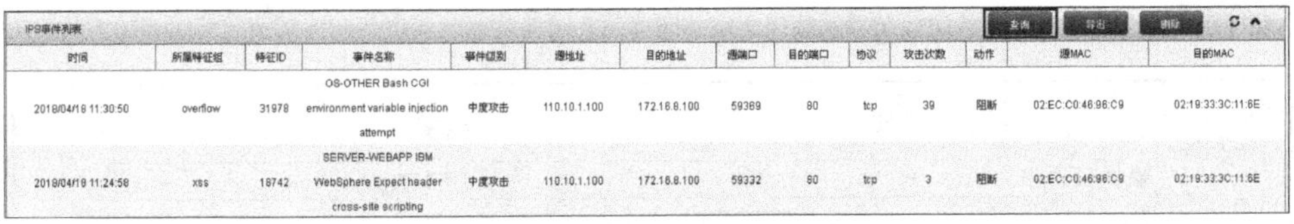

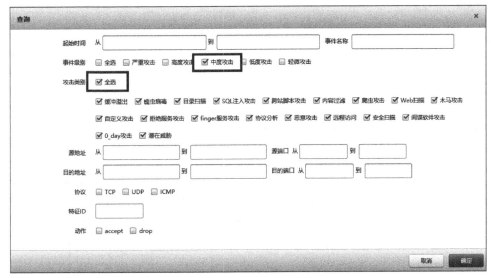

图 4-44　单击"查询"按钮

（11）在弹出的"查询"界面中，"事件级别"勾选"中度攻击"，"攻击类别"选中"全选"，如图 4-45 所示。

图 4-45　自定义查询

（12）单击"确定"按钮，"IPS 事件列表"中会显示筛选出的事件信息，如图 4-46 所示。

图 4-46　IPS 事件列表

（13）除进行筛选外，还可通过自定义查询条件将符合条件的事件导出为 CSV 格式的文件用于分析。单击"IPS 事件列表"一栏中的"导出"按钮，准备导出事件信息，如图 4-47所示。

图 4-47　导出事件信息

（14）在弹出的"导出"界面中，勾选"事件级别"中的"中度攻击"，"攻击类别"选中"全选",如图 4-48 所示。

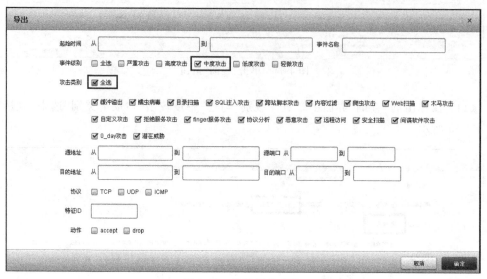

图 4-48　设置导出参数

（15）设置导出参数后，单击"确定"按钮设置文件保存的位置即可。本实验内容不包含对 CSV 文件的数据分析，仅展示导出过程，如图 4-49 所示。

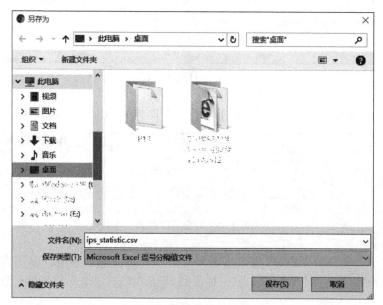

图 4-49　保存导出文件

（16）本实验以 Web 漏洞扫描引起的 IPS 事件演示，在"事件监控"界面中除"IPS 事件"外，还包括"AV 事件""挂马事件""文件控制""数据防护""URL 过滤""区域事件统计""DNS 监控""DDoS 抗攻击统计"等多项事件，可结合课程中的其他实验，对相关内容进行统计分析。

（17）入侵防御系统实现了对漏洞扫描等事件信息的统计分析，并通过图形化界面显示相关信息和具体数据内容，满足实验预期。

【实验思考】

在事件监控中，是否所有事件均可导出文件进行分析？

4.4　入侵防御系统会话监控实验

【实验目的】

管理员通过对入侵防御系统的接口 IP、静态路由进行配置，实现监控登录入侵防御系统设备的会话信息。

【知识点】

会话监控。

【场景描述】

A 公司的安全运维工程师小王日常巡检中，需要查看通过入侵防御设备上网并建立连接的会话信息，了解日常网络的运行状态，请思考应如何监控入侵防御系统中获取的会话信息。

【实验原理】

入侵防御系统的会话列表中显示所有用户通过应用 IPS 上网并已经建立连接的会话信息。应用 IPS 管理员可随时查看成功建立会话的源地址、协议、目的地址、源端口和目的端口等信息，实现对应用 IPS 的实时监控。

【实验设备】

安全设备：SecIPS 3600 入侵防御系统设备 1 台。
网络设备：路由器 1 台。
主机终端：Windows XP SP3 主机 1 台，Windows 7 主机 1 台。

【实验拓扑】

入侵防御系统会话监控实验拓扑图如图 4-50 所示。

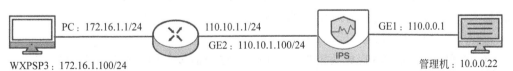

图 4-50　入侵防御系统会话监控实验拓扑图

【实验思路】

（1）增加接口 IP。

（2）增加静态路由。

【实验步骤】

（1）在管理机中打开浏览器，在地址栏中输入入侵防御系统产品的 IP 地址 https://10.0.0.1（以实际设备 IP 地址为准），进入入侵防御系统的登录界面。输入管理员用户名 admin 和密码 !1fw@2soc♯3vpn 登录入侵防御系统。

（2）当弹出修改密码的窗口时，单击"取消"按钮。

（3）登录入侵防御系统设备后，会显示入侵防御系统的面板界面。

（4）选择界面上方导航栏中的"网络"→"网络接口"菜单命令。

（5）在"网络接口"界面中，单击"接口 IP"。

（6）单击"网络接口"界面中"接口 IP"的"＋"按钮，增加接口 IP。

（7）在"接口 IP 维护"界面中，"接口 IP"选择 Ge0/0/2，"IP 地址"输入 110.10.1.100，"掩码"选择 255.255.255.0，其他保持默认配置。

（8）单击"确定"按钮，成功增加接口 IP，如图 4-51 所示。

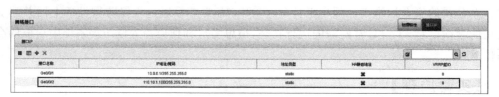

图 4-51　成功增加接口 IP

（9）选择界面上方导航栏中的"网络"→"路由"菜单命令。

（10）在"路由"界面中，单击"静态路由"，如图 4-52 所示。

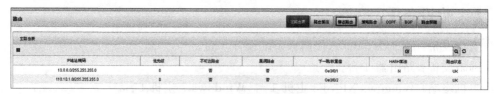

图 4-52　打开静态路由

（11）在"静态路由"界面中，单击"＋"按钮增加静态路由。

（12）在"静态路由维护"界面中，"目的地址"输入 0.0.0.0，"掩码"选择 0.0.0.0，"IP 地址"输入 110.10.1.1，单击右侧的"添加"按钮。

（13）IP 地址被添加到"下一跳"中。

（14）单击"确定"按钮，成功添加静态路由。选择面板左侧导航栏中的"管理"→"全局配置"菜单命令。

（15）在"全局配置"界面中,确保"日志记录开关"的所有选项都处于 ON 状态,其他保持默认配置。

（16）单击"确定"按钮,保存配置。单击"全局配置"上方导航栏中的"全局开关"。

（17）在"全局开关"界面中,保证"流量统计""默认包策略""日志聚合功能"的所有选项都处于 ON 状态,其他保持默认配置。

（18）单击"确定"按钮,保存配置,配置完毕。

【实验预期】

IPS 记录有 PC 访问它的数据。

【实验结果】

（1）登录实验平台对应实验拓扑左侧的 WXPSP3 虚拟机,进入 PC,如图 4-53 所示。

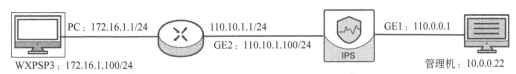

图 4-53　登录左侧的 WXPSP3 虚拟机

（2）在 WXPSP3 虚拟机中,双击 Mozilla Firefox 打开火狐浏览器。

（3）在地址栏中输入 https://110.10.1.100 后按 Enter 键,如果没有显示入侵防御系统的登录界面,而是显示"您的连接不安全",则需要在显示的界面中单击"高级"按钮,如图 4-54 所示。

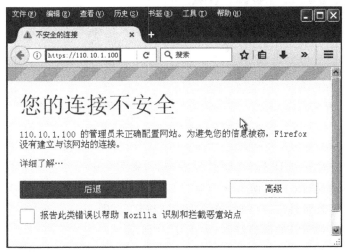

图 4-54　连接设备

（4）下拉浏览器页面,单击"添加例外"按钮,如图 4-55 所示。

（5）在弹出的"添加安全例外"界面中,单击"确认安全例外"按钮,允许链接,如图 4-56 所示。

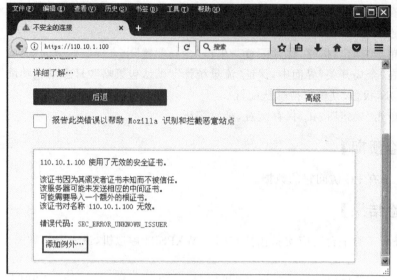

图 4-55　单击"添加例外"按钮

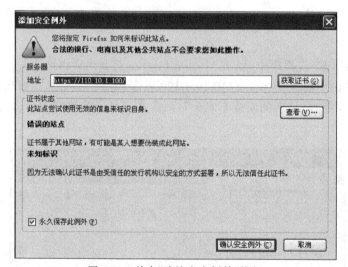

图 4-56　单击"确认安全例外"按钮

（6）页面成功跳转到 IPS 设备登录界面，输入账号 admin 和密码!1fw@2soc♯3vpn 后按 Enter 键登录，如图 4-57 所示。

（7）当弹出修改密码的窗口时，单击"取消"按钮，如图 4-58 所示。

（8）页面跳转到 IPS 的面板界面，如图 4-59 所示。

（9）选择面板上方导航栏中的"可视"→"会话监控"菜单命令，如图 4-60 所示。

（10）在"会话监控"界面中，可见 PC 访问 IPS 设备的记录，如图 4-61 所示。

【实验思考】

请思考，静态路由的"目的地址"可以配置成具体的 IP 吗？

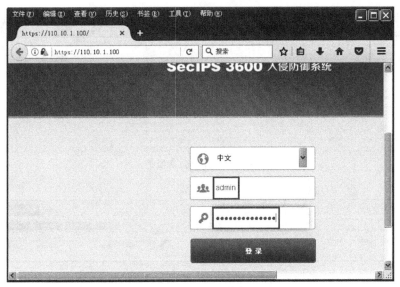

图 4-57　登录设备

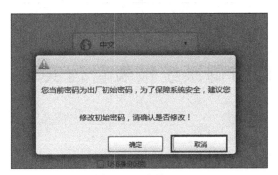

图 4-58　登录 IPS

图 4-59　IPS 面板界面

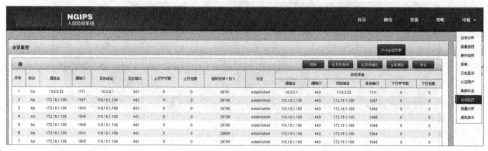

图 4-60　打开会话监控

图 4-61　"会话监控"界面

4.5　入侵防御系统报表管理实验

【实验目的】

入侵防御系统将收集到的各种事件进行分类汇总,形成报表供相关人员查阅。

【知识点】

报表、DDoS、策略对象、安全策略。

【场景描述】

A 公司的张经理要求安全运维工程师小王定期对入侵防御系统收集到的各类事件进行汇总分析,用于优化公司信息系统的安全设置。小王需要使用入侵防御系统中的可视功能汇总和分析各类数据,请思考应如何配置和分析入侵防御系统的可视化数据。

【实验原理】

通过手动生成报表可以自定义设置报表内容、报表生成类型以及报表文件类型。报表内容包括 IPS 事件、AV 事件、挂马事件、URL 过滤、文件控制、数据防护、DNS 防护、DDoS 攻击。报表生成类型包括日报、周报、月报以及自定义时间的报表。通过报表生成历史记录可以查看生成报表的详细信息,可查看是否生成成功,可对生成的报表进行预览、导出、删除以及使用邮件发送(最多可同时配置 3 个收件人)。

【实验设备】

安全设备：SecIPS 3600 入侵防御系统设备 1 台。

网络设备：路由器 1 台。

主机终端：Windows 2003 SP2 主机 1 台，Windows XP 主机 1 台，Windows 7 主机 1 台。

【实验拓扑】

入侵防御系统报表管理实验拓扑图如图 4-62 所示。

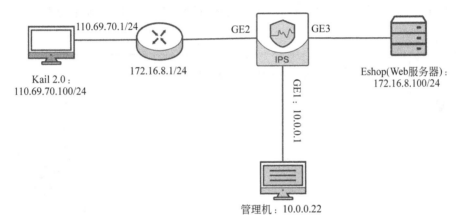

图 4-62　入侵防御系统报表管理实验拓扑图

【实验思路】

（1）配置桥接口。

（2）配置网络接口。

（3）配置地址对象。

（4）配置安全策略。

（5）外网用户发起 DoS 攻击，入侵防御系统记录攻击事件。

（6）生成当日报表文件，并查看相关攻击事件。

【实验步骤】

（1）在管理机中打开浏览器，在地址栏中输入入侵防御系统产品的 IP 地址 https://10.0.0.1（以实际设备 IP 地址为准），进入入侵防御系统的登录界面。输入管理员用户名 admin 和密码!1fw@2soc♯3vpn 登录入侵防御系统。单击"登录"按钮后，会弹出修改出厂原始密码的提示框，单击"取消"按钮。

（2）登录入侵防御系统设备后，会显示入侵防御系统的面板界面。

（3）选择界面上方导航栏中的"网络"→"网络接口"菜单命令。

（4）在"网络接口"界面，单击"逻辑桥接口"的"+"按钮增加桥接口。

（5）在"编辑逻辑桥接口"界面，输入"桥接口 ID"为 1，选中"启用桥接口"，"绑定接口"选择"Ge0/0/2，Ge0/0/3"。

（6）单击"确定"按钮，返回到"网络接口"界面，可见成功增加的桥接口。

（7）在"网络接口"界面，双击"以太网接口"的 Ge0/0/2。

（8）在"编辑以太网接口"界面，"流统计标识"选择 outside，其他保持默认配置。

（9）单击"确定"按钮，返回到"网络接口"界面，再双击"以太网接口"的 Ge0/0/3，在弹出的"编辑以太网接口"界面中，"流统计标识"选择 inside，其他保持默认配置。

（10）单击"确定"按钮，返回到"网络接口"界面，可见配置成功的以太网接口。

（11）选择面板上方导航栏中的"资源"→"资源对象"菜单命令，显示当前的资源列表。

（12）在"资源对象"界面中，单击"地址对象"的"＋"按钮，增加地址对象，如图 4-63 所示。

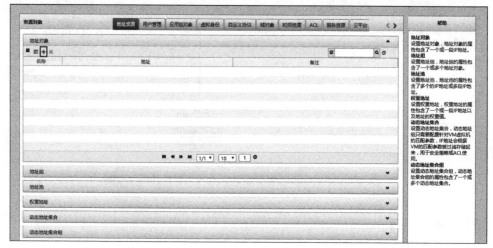

图 4-63　增加地址对象

（13）在"地址对象维护"界面中，在"名称"一栏中输入 any，在"地址"一栏中选择"网段"，下方的 IP 地址输入 0.0.0.0，掩码输入 0.0.0.0，其他保持默认配置。

（14）单击"确定"按钮，返回到"资源对象"界面，可见添加的 any 地址对象。

（15）单击"资源对象"面板中的 ACL 标签页，在 ACL 界面中单击"＋"按钮，增加 ACL 对象。

（16）在 ACL 界面中，"ACL 名称"输入 syn，在"IP 地址"一栏中，"源地址"选择"地址对象"，下方的"地址对象"中选择 any，"目的地址"也选择"地址对象"，下方的"地址对象"中选择 any，其他保持默认配置。

（17）单击"确定"按钮，返回到 ACL 界面，可见成功添加的 ACL 对象。

（18）选择"资源"→"策略对象"菜单命令，显示"策略对象"界面。

（19）单击"策略对象"界面中的"入侵特征对象"标签页，入侵防御系统默认预置 7 个模板，本实验使用其中的 ips 模板。

（20）选择上方导航栏中的"策略"→"安全策略"菜单命令，显示当前的安全策略列表。

（21）在"安全策略"界面中，单击"安全策略"的"＋"按钮增加安全策略。

（22）在弹出的"新建策略"界面中，"策略名称"输入 normal，在"策略条件"一栏的"源"标签页中，"源 IP 对象"选择 any，其他保持默认配置。

（23）单击"策略条件"一栏的"目的"标签页，"目的 IP 对象"选择 any，其他保持默认配置。

（24）单击"策略条件"一栏的"安全业务"标签页，"入侵防护"选择 ips。

（25）单击"策略条件"一栏的"动作"标签页，选择"操作"下的"接受"选项。

（26）单击"确定"按钮，返回到"安全策略"界面，可见成功添加的安全策略。

（27）在启用防护策略之前，需要开启入侵防御系统的数据日志，以便进行数据统计。选择界面上方导航栏中的"管理"→"全局配置"菜单命令。

（28）在"全局配置"界面中，确保"日志记录开关"的所有选项都处于 ON 状态，其他保持默认配置。

（29）单击"确定"按钮，保存配置，再单击"全局配置"一栏中的"全局开关"标签页。

（30）在"全局开关"界面中，保证"流量统计""默认包策略""全局开关""日志聚合功能""本地端口扫描检测"的所有选项，以及"安全策略"中的"日志聚合开启"、"应用识别"中的"应用识别"都处于 ON 状态，其他保持默认配置。

（31）单击"确定"按钮，保存全局配置设置。选择上方导航栏中的"策略"→"DDoS 防护"菜单命令，显示当前的 DDoS 设置信息。

（32）在"DDoS 防护"界面中，单击"基于 ACL 防护"标签页，显示当前的洪水防护规则列表。

（33）单击"洪水防护规则"一栏中的"＋"按钮，添加洪水防护规则。

（34）在弹出的"洪水防护规则"界面中，ACL 选择之前步骤添加的 ACL 对象 syn。

（35）选中"SYN 洪水"，再选择"统计选项"，"统计方式"选择"代理"，"阈值"输入 10。

（36）单击"确定"按钮，返回 DDoS 防护"界面，可见添加的洪水防护规则。

（37）单击上方导航栏中右上角的磁盘按钮，保存当前配置，如图 4-64 所示。

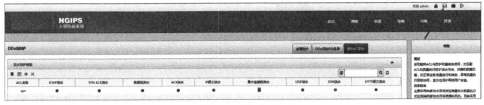

图 4-64　保存配置

（38）单击磁盘按钮，会弹出"配置保存成功"的按钮。

（39）至此，入侵防御系统基本设置完成。

【实验预期】

（1）外网用户可正常访问内网服务器网页。

（2）外网用户发起 SYN Flood 攻击，入侵防御系统对攻击行为进行防御。

（3）生成当日报表，其中包含的攻击信息数据用于分析。

【实验结果】

1. 外网用户可正常访问内网服务器网页

（1）登录实验平台对应实验拓扑左侧标红框的 Kali 2.0 虚拟机，如图 4-65 所示。

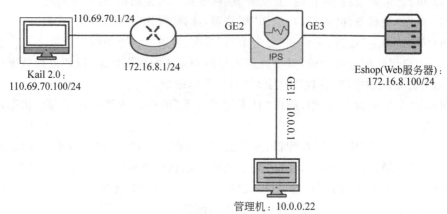

图 4-65　登录左侧的 Kali 2.0 虚拟机

（2）单击虚拟机桌面中左侧工具栏中的冰鼬浏览器快捷方式，运行冰鼬浏览器，如长时间未登录，须输入密码 123456（用户名为 root）登录系统。

（3）在浏览器的地址栏中输入内网服务器的 IP 地址 172.16.8.100，可正常浏览网页信息，表明服务器及网络工作正常，如图 4-66 所示。

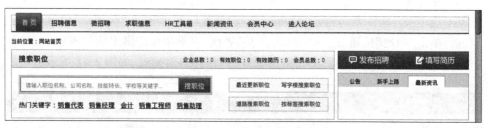

图 4-66　访问服务器网页

2. 外网用户发起 SYN Flood 攻击，入侵防御系统对攻击行为进行防御

（1）单击虚拟机桌面中左侧工具栏中的命令行快捷方式，进入命令行界面，如图 4-67 所示。

（2）在命令行界面输入命令"hping3 -S -a 1.1.1.1 --flood -V 172.16.8.100"，表示发送伪造 IP 来源为 1.1.1.1 的 SYN 数据包，目标为内网服务器的 IP 地址 172.16.8.100，如图 4-68 所示。

（3）按 Enter 键，hping3 程序将开始发起 SYN Flood 攻击，需要攻击程序运行 1 分钟

图 4-67 运行命令行程序

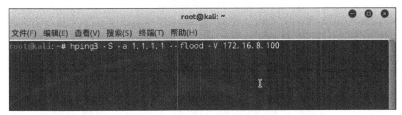

图 4-68 输入攻击命令

左右,以便入侵防御系统生成攻击日志信息,如图 4-69 所示。

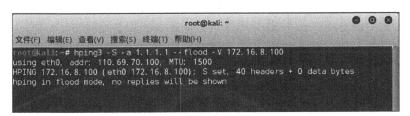

图 4-69 发起 SYN Flood 攻击

3. 生成当日报表,其中包含的攻击信息数据用于分析

(1) 在管理机中打开浏览器,在地址栏中输入入侵防御系统产品的 IP 地址 https://10.0.0.1(以实际设备 IP 地址为准),进入入侵防御系统的登录界面。输入管理员用户名 admin 和密码!1fw@2soc♯3vpn 登录入侵防御系统。选择上方导航栏中的"可视"→"报表"菜单命令,如图 4-70 所示。

图 4-70 进入报表界面

（2）在"报表"界面，可在"报表条件"中选择生成报表包含的内容、报表类型、报表文件类型等选项，如图 4-71 所示。

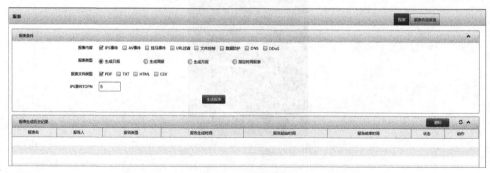

图 4-71　报表界面

（3）在"报表条件"界面，勾选其中的"IPS 事件"DDoS，"报表类型"选择"生成日报"，"报表文件类型"选中 PDF，其他参数不变，如图 4-72 所示。

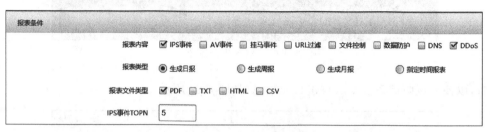

图 4-72　设置报表参数

（4）设置完成后，单击"生成报表"按钮，下方会显示报表文件相关信息，如图 4-73 所示。

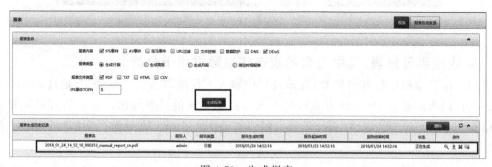

图 4-73　生成报表

（5）报表生成完成后，会在下方的"报表生成历史记录"中查看相关的状态，并可查阅、下载，如图 4-74 所示。

图 4-74　报表生成列表

（6）单击该报表右侧"动作"列中的放大镜图标，可在线查看报表内容，如图 4-75 所示。

图 4-75　查看报表内容

（7）在浏览器中会打开生成的 PDF 文件，首页列出了当前入侵防御系统的相关信息，如图 4-76 所示。

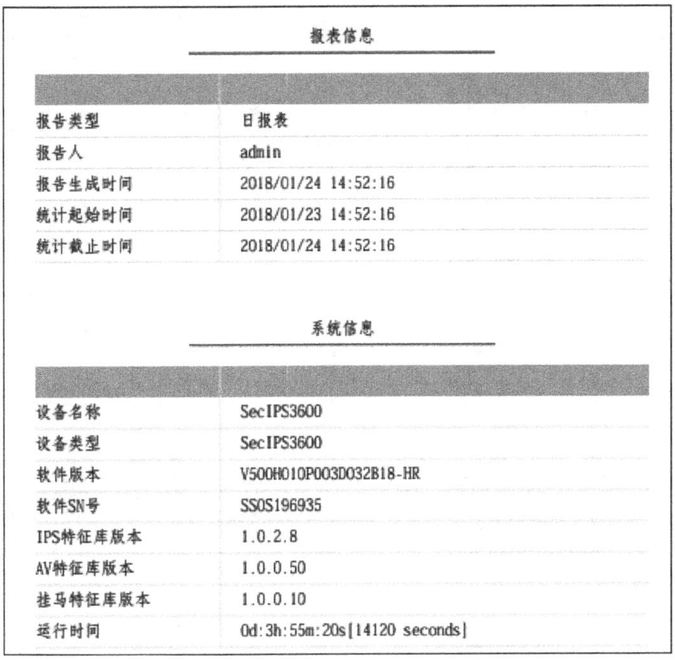

报表信息	
报告类型	日报表
报告人	admin
报告生成时间	2018/01/24 14:52:16
统计起始时间	2018/01/23 14:52:16
统计截止时间	2018/01/24 14:52:16

系统信息	
设备名称	SecIPS3600
设备类型	SecIPS3600
软件版本	V500H010P003D032B18-HR
软件SN号	SS0S196935
IPS特征库版本	1.0.2.8
AV特征库版本	1.0.0.50
挂马特征库版本	1.0.0.10
运行时间	0d:3h:55m:20s[14120 seconds]

图 4-76　首页中当前入侵防御系统的相关信息

（8）后续页面显示此次 SYN Flood 攻击的数据信息可用于分析，在报表内容中，可见源地址 IP 为外网发起 SYN Flood 攻击时使用的伪造源 IP 地址 1.1.1.1，以及使用的源端口列表信息，如图 4-77 所示。

（9）入侵防御系统实现对 SYN Flood 攻击的信息汇总，并在报表文件中体现相关的内容信息，满足实验预期。

【实验思考】

（1）如需报表自动发送，应如何配置相关设置？

（2）报表内容中的类型主要涉及入侵防御系统的哪些功能？

网神信息技术(北京)股份有限公司						事件统计报表	

DDOS扰攻击报表

DDOS扰攻击统计TOP50

源地址	源端口	目的地址	目的端口	协议	攻击次数	攻击类型	时间
1.1.1.1	37814	172.16.8.100	0	TCP	50	SYN flood	2018/01/24 14h
1.1.1.1	28392	172.16.8.100	0	TCP	50	SYN flood	2018/01/24 14h
1.1.1.1	38244	172.16.8.100	0	TCP	50	SYN flood	2018/01/24 14h
1.1.1.1	61840	172.16.8.100	0	TCP	50	SYN flood	2018/01/24 14h
1.1.1.1	49145	172.16.8.100	0	TCP	50	SYN flood	2018/01/24 14h
1.1.1.1	30947	172.16.8.100	0	TCP	50	SYN flood	2018/01/24 14h
1.1.1.1	3931	172.16.8.100	0	TCP	50	SYN flood	2018/01/24 14h
1.1.1.1	4720	172.16.8.100	0	TCP	50	SYN flood	2018/01/24 14h
1.1.1.1	63735	172.16.8.100	0	TCP	50	SYN flood	2018/01/24 14h
1.1.1.1	24484	172.16.8.100	0	TCP	50	SYN flood	2018/01/24 14h
1.1.1.1	64813	172.16.8.100	0	TCP	50	SYN flood	2018/01/24 14h
1.1.1.1	9297	172.16.8.100	0	TCP	50	SYN flood	2018/01/24 14h
1.1.1.1	17552	172.16.8.100	0	TCP	50	SYN flood	2018/01/24 14h
1.1.1.1	45478	172.16.8.100	0	TCP	50	SYN flood	2018/01/24 14h
1.1.1.1	36340	172.16.8.100	0	TCP	50	SYN flood	2018/01/24 14h
1.1.1.1	28450	172.16.8.100	0	TCP	50	SYN flood	2018/01/24 14h
1.1.1.1	60048	172.16.8.100	0	TCP	50	SYN flood	2018/01/24 14h
1.1.1.1	53062	172.16.8.100	0	TCP	50	SYN flood	2018/01/24 14h
1.1.1.1	15592	172.16.8.100	0	TCP	50	SYN flood	2018/01/24 14h
1.1.1.1	64965	172.16.8.100	0	TCP	50	SYN flood	2018/01/24 14h
1.1.1.1	34319	172.16.8.100	0	TCP	50	SYN flood	2018/01/24 14h
1.1.1.1	52074	172.16.8.100	0	TCP	50	SYN flood	2018/01/24 14h
1.1.1.1	28999	172.16.8.100	0	TCP	50	SYN flood	2018/01/24 14h
1.1.1.1	61006	172.16.8.100	0	TCP	50	SYN flood	2018/01/24 14h
1.1.1.1	12168	172.16.8.100	0	TCP	50	SYN flood	2018/01/24 14h
1.1.1.1	63371	172.16.8.100	0	TCP	50	SYN flood	2018/01/24 14h
1.1.1.1	65138	172.16.8.100	0	TCP	50	SYN flood	2018/01/24 14h
1.1.1.1	219	172.16.8.100	0	TCP	50	SYN flood	2018/01/24 14h
1.1.1.1	49245	172.16.8.100	0	TCP	50	SYN flood	2018/01/24 14h
1.1.1.1	48308	172.16.8.100	0	TCP	50	SYN flood	2018/01/24 14h
1.1.1.1	64814	172.16.8.100	0	TCP	50	SYN flood	2018/01/24 14h
1.1.1.1	25630	172.16.8.100	0	TCP	50	SYN flood	2018/01/24 14h
1.1.1.1	28314	172.16.8.100	0	TCP	50	SYN flood	2018/01/24 14h
1.1.1.1	32290	172.16.8.100	0	TCP	50	SYN flood	2018/01/24 14h
1.1.1.1	33954	172.16.8.100	0	TCP	50	SYN flood	2018/01/24 14h
1.1.1.1	48528	172.16.8.100	0	TCP	50	SYN flood	2018/01/24 14h
1.1.1.1	5345	172.16.8.100	0	TCP	50	SYN flood	2018/01/24 14h
1.1.1.1	58711	172.16.8.100	0	TCP	50	SYN flood	2018/01/24 14h
1.1.1.1	33606	172.16.8.100	0	TCP	50	SYN flood	2018/01/24 14h
1.1.1.1	16930	172.16.8.100	0	TCP	50	SYN flood	2018/01/24 14h
1.1.1.1	61155	172.16.8.100	0	TCP	50	SYN flood	2018/01/24 14h
1.1.1.1	48023	172.16.8.100	0	TCP	50	SYN flood	2018/01/24 14h
1.1.1.1	50968	172.16.8.100	0	TCP	50	SYN flood	2018/01/24 14h
1.1.1.1	64417	172.16.8.100	0	TCP	50	SYN flood	2018/01/24 14h
1.1.1.1	55623	172.16.8.100	0	TCP	50	SYN flood	2018/01/24 14h
1.1.1.1	9527	172.16.8.100	0	TCP	50	SYN flood	2018/01/24 14h
1.1.1.1	64027	172.16.8.100	0	TCP	50	SYN flood	2018/01/24 14h
1.1.1.1	3573	172.16.8.100	0	TCP	50	SYN flood	2018/01/24 14h
1.1.1.1	31399	172.16.8.100	0	TCP	50	SYN flood	2018/01/24 14h
1.1.1.1	16745	172.16.8.100	0	TCP	50	SYN flood	2018/01/24 14h

图 4-77　报表中关于 SYN Flood 的内容

4.6　入侵防御系统事件取证实验

【实验目的】

入侵防御系统通过从指定的接口镜像攻击报文,形成取证数据包,实现对流经入侵防御系统攻击数据的取证。

【知识点】

SQL 注入、资源对象、策略对象、安全策略。

【场景描述】

A 公司的网络遭遇外网黑客的频繁攻击,为保护公司的信息资产,相关人员要向网络安全管理部门提供黑客攻击的证据,安全运维工程师小王需要使用入侵防御系统的事件取证功能,将黑客攻击的证据保留下来。请思考应如何对黑客攻击行为进行取证。

【实验原理】

攻击取证的作用是把攻击报文从指定的接口镜像出来,并在入侵防御系统中保存相关的攻击报文,通过分析攻击报文获取攻击的方法和来源,用于取证分析。攻击报文采样率是每到指定数量的攻击报文时镜像一个报文到取证接口。

【实验设备】

安全设备:SecIPS 3600 入侵防御系统设备 1 台。

网络设备:路由器 1 台。

主机终端:Windows 2003 SP2 主机 1 台,Kali 2.0 主机 1 台,Windows 7 主机 1 台。

【实验拓扑】

入侵防御系统事件取证实验拓扑图如图 4-78 所示。

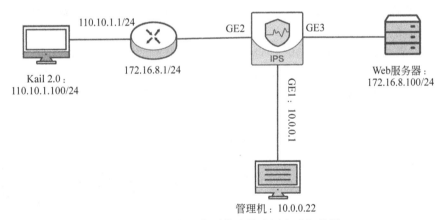

图 4-78　入侵防御系统事件取证实验拓扑图

【实验思路】

(1) 配置桥接口。

(2) 配置网络接口。

(3) 配置地址对象。

(4) 配置安全策略。

(5) 配置取证设置。

(6) 外网用户 SQL 注入攻击,对此次攻击事件进行取证。

（7）下载保存的取证数据包用于数据分析。

【实验步骤】

（1）在管理机中打开浏览器，在地址栏中输入入侵防御系统产品的 IP 地址 https://10.0.0.1（以实际设备 IP 地址为准），进入入侵防御系统的登录界面。输入管理员用户名 admin 和密码！1fw@2soc♯3vpn 登录入侵防御系统。

（2）单击"登录"按钮后，会弹出修改出厂原始密码的提示框，单击"取消"按钮。

（3）单击"取消"按钮登录到入侵防御系统设备后，会显示入侵防御系统的面板界面。

（4）选择界面上方导航栏中的"网络"→"网络接口"菜单命令。

（5）在"网络接口"界面，单击"逻辑桥接口"的"＋"按钮增加桥接口。

（6）在"编辑逻辑桥接口"界面，输入"桥接口 ID"为 1，选中"启用桥接口"，"绑定接口"选择"Ge0/0/2，Ge0/0/3"。

（7）单击"确定"按钮，返回到"网络接口"界面，可见成功增加的桥接口。

（8）在"网络接口"界面，双击"以太网接口"的 Ge0/0/2。

（9）在"编辑以太网接口"界面，"流统计标识"选择 outside，其他保持默认配置。

（10）单击"确定"按钮，返回到"网络接口"界面，再双击"以太网接口"的 Ge0/0/3，在弹出的"编辑以太网接口"界面中，"流统计标识"选择 inside，其他保持默认配置。

（11）单击"确定"按钮，返回到"网络接口"界面，可见配置成功的以太网接口。

（12）选择面板上方导航栏中的"资源"→"资源对象"菜单命令，显示当前的资源列表。

（13）在"资源对象"界面，单击"地址对象"的"＋"按钮增加地址对象。

（14）在"地址对象维护"界面，在"名称"一栏中输入 any，在"地址"一栏中选择"网段"，下方的 IP 地址输入 0.0.0.0，掩码输入 0.0.0.0，其他保持默认配置。

（15）单击"确定"按钮，返回到"资源对象"界面，可见添加的 any 地址对象。

（16）选择"资源"→"策略对象"菜单命令，显示"策略对象"界面，如图 4-79 所示。

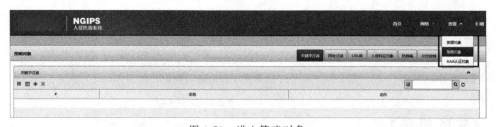

图 4-79　进入策略对象

（17）单击"策略对象"界面中的"入侵特征对象"标签页，入侵防御系统默认预置 7 个模板。

（18）选择上方导航栏中的"策略"→"安全策略"菜单命令，显示当前的安全策略列表。

（19）在"安全策略"界面，单击"安全策略"的"＋"按钮增加安全策略。

（20）在弹出的"新建策略"界面，"策略名称"输入 sqlinj，在"策略条件"一栏的"源"标签页中，"源 IP 对象"选择 any，其他保持默认配置。

（21）单击"策略条件"一栏的"目的"标签页，"目的 IP 对象"选择 any，其他保持默认配置。

（22）单击"策略条件"一栏的"安全业务"标签页，"入侵防护"选择 ips。

（23）单击"策略条件"一栏的"动作"标签页，选择"操作"下的"接受"选项。

（24）单击"确定"按钮，返回到"安全策略"界面，可见成功添加的安全策略。

（25）在启用防护策略之前，需要开启入侵防御系统的数据日志，以便进行数据统计。选择面板上方导航栏中的"管理"→"全局配置"菜单命令。

（26）在"全局配置"界面，确保"日志记录开关"的所有选项都处于 ON 状态，其他保持默认配置。

（27）单击"确定"按钮，保存配置。再单击"全局配置"一栏中的"全局开关"标签页，如图 4-80 所示。

图 4-80　打开全局配置

（28）在"全局开关"界面，保证"流量统计""默认包策略""全局开关""日志聚合功能""本地端口扫描检测"的所有选项，以及"安全策略"中的"日志聚合开启"、"应用识别"中的"应用识别"都处于 ON 状态，其他保持默认配置。为保存取证数据包，要选中"安全策略"一栏中最下方的"IPS 取证报文保存到文件"，确保取证文件可保存。

（29）单击"确定"按钮，保存全局配置设置。选择上方导航栏中的"策略"→"DDoS 防护"菜单命令，显示当前的 DDoS 设置信息。

（30）在"攻击证据提取"一栏中选中"是否进行攻击取证"，"攻击报文接口名"选择模拟外网接口的 GE0/0/2，"攻击报文采样率"保留默认的 100。

（31）单击"确定"按钮，再单击右上角的磁盘按钮，保存当前设置。

（32）单击磁盘按钮后，弹出"配置保存成功"的窗口。

（33）至此，入侵防御系统基本设置完成。

【实验预期】

（1）外网用户可正常访问内网服务器网页。

（2）外网用户发起 SQL 注入攻击，入侵防御系统对攻击行为进行取证。

（3）可下载入侵防御系统的取证数据包用于分析。

【实验结果】

1. 外网用户可正常访问内网服务器网页

（1）登录实验平台对应实验拓扑左侧标红框的 Kali 2.0 虚拟机，如图 4-81 所示。

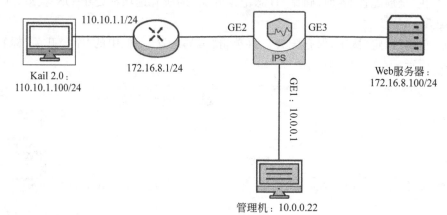

图 4-81　登录左侧的 Kali 2.0 虚拟机

（2）单击虚拟机桌面中左侧工具栏中的冰鼬浏览器的快捷方式，运行冰鼬浏览器，如长时间未登录，须输入密码 123456（用户名为 root）登录系统。

（3）在浏览器的地址栏中输入内网服务器的 IP 地址 172.16.8.100，可正常浏览网页信息，表明服务器及网络工作正常，如图 4-82 所示。

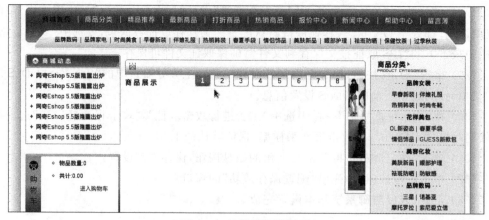

图 4-82　访问服务器网页

（4）随意单击首页中的任意商品，如图 4-83 所示。

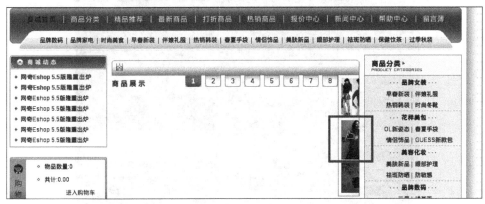

图 4-83　浏览某件商品

（5）在浏览器中显示该商品的具体信息和 URL 信息，可见 URL 信息中包含 PID 的参数传递，可用于 SQL 注入测试，如图 4-84 所示。

图 4-84　运行 ARP 攻击工具

2. 外网用户发起 SQL 注入攻击，入侵防御系统对攻击行为进行取证

（1）返回 Kali 2.0 虚拟机桌面，选择左上角的"应用程序"→"Web 程序"→sqlmap 菜单命令，运行 sqlmap 软件，如图 4-85 所示。

（2）在弹出的命令行界面中输入命令"sqlmap -u 172.16.8.100/show.aspx? pid＝28"，如图 4-86 所示。

（3）按 Enter 键，开始 SQL 注入攻击，在攻击过程中会询问是否检测后台的 WAF、IPS、IDS 设备，按 Enter 键默认不检测这些安全设备，如图 4-87 所示。

（4）sqlmap 继续攻击，并显示攻击的一些信息，如图 4-88 所示。

图 4-85　运行 sqlmap 软件

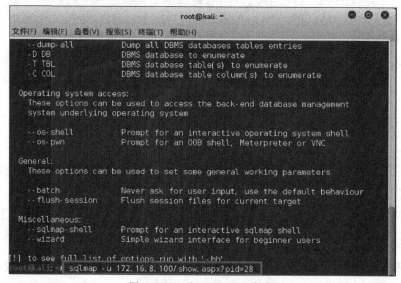

图 4-86　运行 SQL 注入命令

3. 可下载入侵防御系统的取证数据包用于分析

（1）在管理机中打开浏览器，在地址栏中输入入侵防御系统产品的 IP 地址 https://
10.0.0.1（以实际设备 IP 地址为准），进入入侵防御系统的登录界面。输入管理员用户名
admin 和密码!1fw@2soc#3vpn 登录入侵防御系统，发现 SQL 注入攻击，如图 4-89 所示。

（2）选择"管理"→"事件取证"菜单命令，进入事件取证界面，如图 4-90 所示。

（3）在"事件取证"界面，可见入侵防御系统已抓取攻击包，并保存为 pcap 格式文件

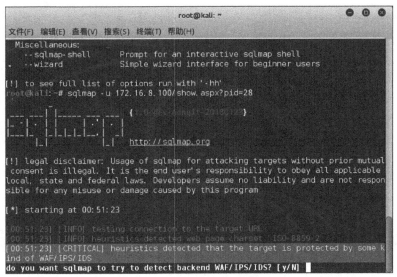

图 4-87　不检测安全设备

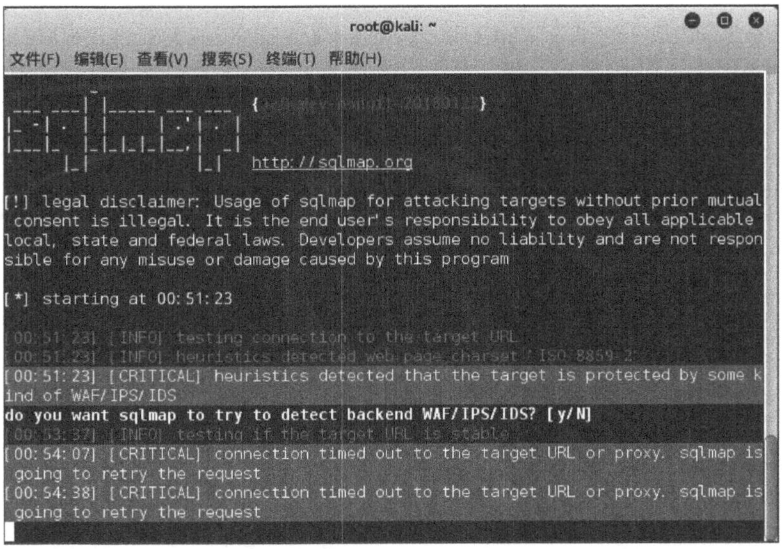

图 4-88　SQL 注入攻击状态信息

（随攻击时间长短，生成的数据包数量不等），如图 4-91 所示。

（4）单击 3 个数据包右侧"操作"列中的下载按钮，可下载 3 个数据包，如图 4-92 所示。

（5）下载后的数据包可使用 Wireshark 等软件打开数据包。本实验不涉及数据分析部分，仅展示数据包，可用于分析攻击数据，如图 4-93 所示。

（6）入侵防御系统实现了对 SQL 攻击的攻击数据取证，满足实验预期。

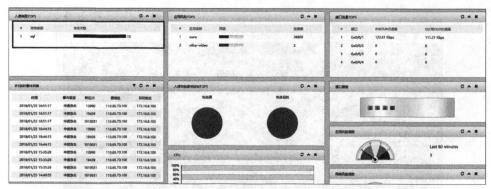

图 4-89　入侵防御信息提示

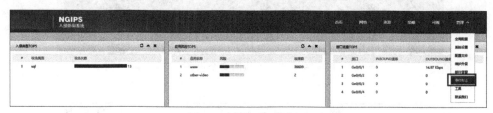

图 4-90　访问事件取证

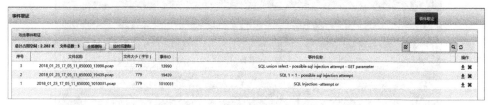

图 4-91　取证数据包列表

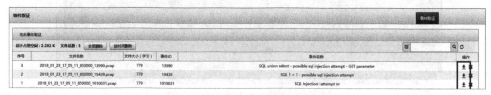

图 4-92　下载对应的数据包

【实验思考】

（1）入侵防御系统取证是否有功能限制？

（2）本次取证产生 3 个 pcap 数据包，如何设置使得其数据包生成为 1 个？

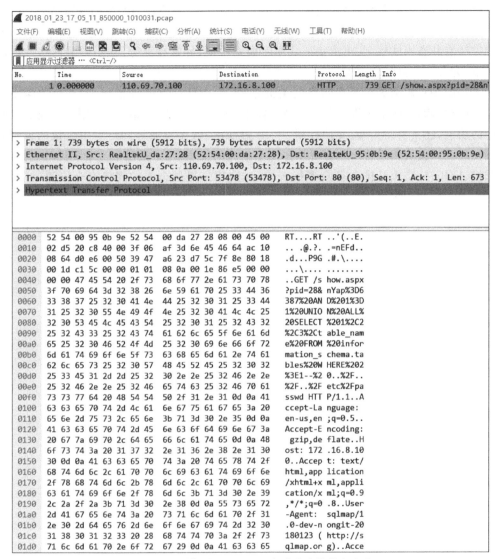

图 4-93　可使用 Wireshark 查看攻击数据包内容

4.7　IDS 和 IPS 的数据分析

入侵检测系统采用先进的入侵检测技术体系,基于状态的应用层协议分析技术,可实时采集流量并进行深度分析,记录发现的攻击或威胁并进行实时报警,用户随时可对网络目前正在发生或是可能构成潜在威胁的安全事件进行调查、分析和确认。

入侵检测系统可对常见的端口扫描攻击、木马后门、拒绝服务攻击、蠕虫、木马、缓冲溢出、远程服务攻击、邮件服务器攻击、SQL 注入攻击、IIS 攻击以及其他违规行为进行实时监测。入侵检测系统通过将各种详细复杂的安全状态、流量统计和一定的算法相结合并进行综合分析,提炼出网络环境中的网络安全指数,从总体评估网络的风险情况。

入侵防御系统具有实时主动的安全防御能力,使用多重检测模式保证准确度,使用的检测方法有状态模式检测、攻击特征数据库模式检测、异常检测等,在不影响网络性能的情况下,为客户提供最佳的保护。

入侵防御系统部署在客户网络的关键路径上,通过对数据流进行 2～7 层的深度分析,具有能精确、实时地识别和阻断病毒、木马、SQL 注入、跨网站脚本攻击、扫描等安全威胁的功能,还具有防火墙、文件控制、URL 过滤、关键字过滤等网络滥用流量的识别和限制功能。入侵防御系统中包含了众多安全措施的报表信息,提供了流量统计和监控、入侵监控、应用排名、木马排名等众多报表信息,向用户提供全面的网络安全检测、控制和展示。

第 5 章 综合课程设计

通过前面章节的实验,掌握入侵检测系统的基本配置、功能配置、功能部署和数据分析等技能,本章将综合上述技能完成入侵防御系统的串行部署。

【实验目的】

将入侵防御系统串行部署在信息系统中并配置系统相关参数,使得入侵防御系统完成基本防护任务。

【知识点】

地址对象、时间对象、应用对象、ACL、关键字、网址过滤、防病毒、文件控制、DDoS、SQL 注入、业务分析、流量分析、事件分析、配置文件、报表、安全策略。

【场景描述】

A 公司的新办公场地需要部署安全管理设备,安全运维工程师小王负责其中的入侵防御系统的部署,采用串行部署在内网关键链路位置。请思考应如何实现入侵防御系统的串行部署。

【实验原理】

串接透明部署模式是入侵防御系统常用的部署方式,通过配置资源对象、策略对象,利用不同对象组合的安全策略和事件、流量的统计数据,实现对流经入侵防御系统数据的清洗。同时,利用收集的统计数据,可对发生的业务、流量、事件进行统计分析,生成报表文件等方式,通过对入侵防御系统的安全数据的汇总分析,实现信息系统面临安全威胁的分析和预防。

【实验设备】

安全设备:SecIPS 3600 入侵防御系统设备 1 台。

网络设备:路由器 1 台,交换机 3 台。

主机终端:Windows 2003 SP2 主机 4 台,Windows XP 主机 2 台,Kali 2.0 主机 1 台,Windows 7 主机 1 台。

【实验拓扑】

入侵防御系统串行部署实验拓扑图如图 5-1 所示。

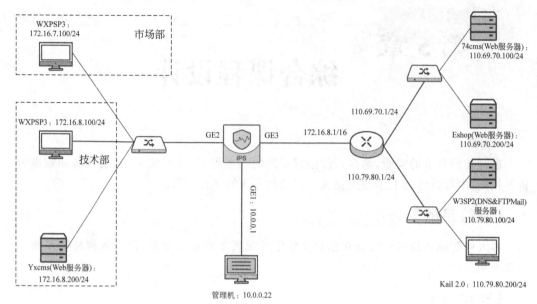

图 5-1　入侵防御系统串行部署实验拓扑图

【实验思路】

（1）配置桥接口。

（2）配置网络接口。

（3）配置资源对象。

（4）配置策略对象。

（5）配置安全策略，实现基于时间资源的不同地址对象的上网管理，包括关键字、网址过滤、URL 类、防病毒、文件控制等功能。

（6）外网用户发起探测，入侵防御系统发现并记录攻击事件。

（7）对上述过程产生的业务、流量、事件进行分析，生成报表文件，以便查阅。

（8）系统实现安全功能要求，并部署完成后，保存并导出当前的配置文件。

【实验步骤】

（1）在管理机中打开浏览器，在地址栏中输入入侵防御系统产品的 IP 地址 https://10.0.0.1（以实际设备 IP 地址为准），进入入侵防御系统的登录界面。输入管理员用户名 admin 和密码！1fw@2soc＃3vpn 登录入侵防御系统。

（2）单击"登录"按钮，会弹出修改出厂原始密码的提示框，单击"取消"按钮。

（3）登录入侵防御系统设备后，会显示入侵防御系统的面板界面。

（4）选择"网络"→"网络接口"菜单命令，配置对应接口的 IP 地址。

（5）配置入侵防御系统网络。返回管理机并登录入侵防御系统，选择"网络"→"网络接口"菜单命令。

（6）在"网络接口"界面，单击"逻辑桥接口"的"＋"按钮增加桥接口。

（7）在弹出的"编辑逻辑桥接口"界面，输入"桥接口 ID"为 1，选中"启用桥接口"，"绑定接口"选择"Ge0/0/2,Ge0/0/3"。

（8）单击"确定"按钮，返回到"网络接口"界面，可见成功增加的桥接口。

（9）在"网络接口"界面，双击"以太网接口"的 Ge0/0/2。

（10）在"编辑以太网接口"界面，"流统计标识"选择 inside，其他保持默认配置。

（11）单击"确定"按钮，返回到"网络接口"界面，再双击"以太网接口"的 Ge0/0/3，在弹出的"编辑以太网接口"界面中，"流统计标识"选择 outside，其他保持默认配置。

（12）单击"确定"按钮，返回到"网络接口"界面。单击界面上方导航栏中的"资源"→"资源对象"菜单命令，显示当前的资源列表。

（13）在"资源对象"界面，单击"地址对象"的"＋"按钮增加地址对象。

（14）在"地址对象维护"界面，"名称"一栏中输入"市场部"，"地址"一栏中选择"网段"，下方的 IP 地址输入 172.16.7.0，掩码选择 255.255.255.0，其他保持默认配置。

（15）单击"确定"按钮，返回到"资源对象"界面，可见添加的"市场部"地址对象。

（16）继续单击"地址对象"的"＋"按钮，在弹出的"地址对象维护"界面中，"名称"输入"技术部"，"地址"选择"网段"，在下方的 IP 地址栏中输入 172.16.8.0，掩码选择 255.255.255.0。

（17）单击"确定"按钮，返回"资源对象"界面，可见添加的两个地址对象。

（18）继续单击"地址对象"的"＋"按钮，在弹出的"地址对象维护"界面中，"名称"输入 any，"地址"选择"网段"，在下方的 IP 地址栏中输入 0.0.0.0，掩码选择 0.0.0.0。

（19）单击"确定"按钮，返回"资源对象"界面，可见添加的 3 个地址对象。

（20）单击"资源对象"面板中的"应用组对象"标签，显示当前的应用组对象。

（21）单击"应用组对象"一栏中的"＋"按钮，添加应用对象。

（22）在弹出的"应用协议配置"界面中，"应用对象名称"输入 ftp，"过滤条件"选择"或"选项，在"基于协议树配置"标签页中，单击"传统协议"前的箭头，在展开的协议树中单击其中的 FTP。

（23）单击"确定"按钮，返回"资源对象"列表，可见添加的 ftp 应用组对象，如图 5-2 所示。

图 5-2　应用组对象列表

（24）单击"资源对象"界面中的"时间资源"标签页，显示当前的时间资源对象列表。

（25）单击"时间对象"中的"＋"按钮，添加时间对象。

（26）在弹出的"添加时间对象"界面中，"名称"输入 working，"调度方式"选择"一次性调度"，"起始时间"选择当前的时间，"终止时间"选择当前时间加一天。

（27）单击"确定"按钮，返回"资源对象"界面，可见添加的 working 时间对象，如图 5-3 所示。

图 5-3　时间对象列表

（28）在"资源对象"界面中单击 ACL 标签页，显示当前的 ACL 列表。

（29）在 ACL 界面中单击"＋"，增加 ACL 对象。

（30）在弹出的 ACL 界面中，"ACL 名称"输入 any；在"IP 地址"一栏中，"源地址"选择"地址对象"；下方的"地址对象"选择 any；"目的地址"也选择"地址对象"；下方的"地址对象"选择 any。在"动作"一栏选中"报文通过"，"包过滤"选中"匹配生效"，其他保持默认配置。

（31）单击"确定"按钮，返回到 ACL 界面，可见添加的 anyACL 对象。

（32）在上方导航栏中，选择"资源"→"策略对象"菜单命令。

（33）在"策略对象"界面的"关键字过滤"标签页中，显示当前的关键字列表。

（34）在"关键字过滤"界面，单击"＋"按钮添加关键字。

（35）在弹出的"新建关键字过滤"界面，"关键字过滤名称"输入 person，选中"字符串"，在同一行的文本输入框中输入 personid 并单击右侧的"添加"按钮，将该关键字添加到"关键字列表"中，"动作"选择"丢弃"。

（36）单击"确定"按钮，返回"策略对象"界面，可见"关键字过滤"中添加的 person 关键字对象。

（37）在"策略对象"界面中单击"网址过滤"标签页，显示 URL 过滤列表。

（38）在"URL 过滤"界面中单击"＋"按钮。

（39）在弹出的"新建 URL 过滤"界面中，"URL 过滤名称"输入 ctl，"黑名单过滤方式"选择"关键字"，"URL 黑名单"中输入网址 www.eshop.com，单击"添加"按钮，将该 URL 添加到下方的清单中。"白名单过滤方式"选择"关键字"，"URL 白名单"中输入网址 www.74cms.com，单击"添加"按钮，将该 URL 添加到下方的清单中。

（40）单击"确定"按钮，返回"策略对象"界面，可见添加的 ctl URL 过滤对象，如图 5-4 所示。

图 5-4　URL 过滤对象列表

（41）单击"策略对象"界面中的"URL 类"标签页，显示当前的 URL 类资源列表。

（42）在下方的"URL 自定义类"一栏中，单击"＋"按钮，将"网址过滤"中添加的域名 www.74cms.com 添加到 URL 自定义类中，如图 5-5 所示。

（43）在弹出的 URL 界面，"组名称"输入 normal，在"URL 地址"中输入域名 www.74cms.com，并单击"添加"按钮，将该域名添加到 URL 地址列表中。

图 5-5　单击"＋"按钮

（44）单击"确定"按钮，返回"策略对象"界面，在"URL 自定义类"中可见添加的 normal 对象。

（45）在"URL 类"一栏中单击"＋"按钮，添加 URL 类。

（46）在弹出的 URL 界面中，"分类名称"输入 www，在左侧的"URL 分类列表"中选择最下方的"200 normal"，再单击"＞＞"按钮，将该 URL 分类添加到右侧的"可选 URL 分类列表"中。

（47）单击"＞＞"按钮，在右侧的"可选 URL 分类列表"中显示添加的"200 normal"。

（48）单击"确定"按钮，返回"策略对象"界面，在"URL 类"一栏中可见添加的 www URL 类对象。

（49）单击"策略对象"界面中的"入侵特征对象"标签页，入侵防御系统默认预置 7 个模板，本实验使用其中的 ips 模板。

（50）在"策略对象"界面，单击"防病毒"标签页，显示当前防病毒策略对象列表。

（51）在"防病毒"一栏中单击"＋"按钮，添加防病毒对象。

（52）在弹出的"新建防病毒"界面，"防病毒名称"输入 virus，HTTP、FTP 均选择"丢弃"，并勾选 HTTP、FTP 右侧的"开启"，表明启用对 HTTP、FTP 的防病毒功能。

（53）单击"确定"按钮，返回"策略对象"界面，可见添加的 virus 防病毒对象。

（54）在"策略对象"界面中单击"文件控制"标签页，显示当前文件控制的对象清单。

（55）在"文件控制"一栏中单击"＋"按钮。

（56）在弹出的"新建文件控制"界面中，"文件控制名称"输入 mp3，勾选"FTP 上传"旁的"配置"，在下拉列表框中选择 mp3，动作选择"丢弃"。

（57）单击"确定"按钮，返回"策略对象"界面，可见添加的 mp3 文件控制对象。

（58）再次单击"文件控制"一栏中的"＋"按钮，添加文件控制类型，在弹出的"新建文件控制"界面中，"文件控制名称"输入 exe，选中"FTP 下载"旁的"配置"，在下拉列表框中选择 exe，之后选择"丢弃"。

（59）单击"确定"按钮，返回"策略对象"界面，在"文件控制"一栏中可见添加的两个文件控制对象。

（60）启用防护策略之前，需要开启入侵防御系统的数据日志，以便进行数据统计。单击面板上方导航栏中的"管理"→"全局配置"菜单命令。

（61）在"全局配置"界面的"日志"标签页中，确保"日志记录开关"的所有选项都处于 ON 状态，其他保持默认配置。

（62）单击下方的"确定"按钮，保存配置。再单击"全局配置"一栏中的"全局开关"标签页。

（63）在"全局开关"界面，保证"流量统计""默认包策略""全局开关""日志聚合功能""本地端口扫描检测"的所有选项，以及"安全策略"中的"日志聚合开启""应用识别"中的"应用识别"都处于 ON 状态，其他保持默认配置，再单击下方的"确定"按钮完成配置。

（64）至此，基本配置完成，后续开始配置不同应用场景下的安全策略。需要注意的是，入侵防御系统安全策略和日志有生效时间，安全策略设置完成后需要等待 5～10s，以确保策略生效，以及产生对应的日志信息。

【实验预期】

（1）内网用户可正常访问外网服务器网页。

（2）配置安全策略，使得技术部网段不能访问 www.74cms.com 的网站，市场部不受影响。

（3）配置安全策略，使得在指定时间段内技术部、市场部均不能访问 www.74cms. com 网站。

（4）配置安全策略，使得技术部不能通过 FTP 上传 mp3 类型文件。

（5）配置安全策略，不允许通过 FTP 下载 exe 类型文件。

（6）配置安全策略，对文件下载进行防病毒防护。

（7）配置安全策略，使得在指定时间段内技术部、市场部均不能使用 FTP 上传、下载文件。

（8）配置安全策略，对包含敏感字段 personid 内容进行管控。

（9）配置防垃圾邮件 & 病毒策略，过滤垃圾邮件、含病毒邮件。

（10）配置安全策略，对外网用户发起的漏洞扫描进行防护。

（11）对当前系统进行业务分析。

（12）对当前系统进行流量分析。

（13）对当前系统进行事件监控。

（14）生成当日报表并导出报表。

（15）保存当前配置文件，并导出配置文件进行保存。

【实验结果】

1. 内网用户可正常访问外网服务器网页

（1）登录实验平台对应实验拓扑中左上方市场部中的 WXPSP3 虚拟机，如图 5-6 所示。

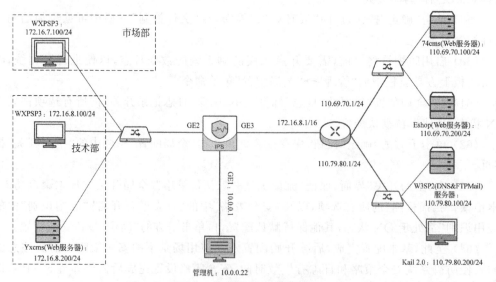

图 5-6　登录左上方市场部中的虚拟机 WXPSP3

（2）在虚拟机桌面上双击火狐浏览器快捷方式,运行火狐浏览器。

（3）在火狐浏览器地址栏中输入域名 www.eshop.com,可见网页正常显示,如图 5-7
所示。

图 5-7　外网服务器访问正常

（4）在火狐浏览器地址栏中输入域名 www.74cms.com,可见网页正常显示,如图 5-8
所示。

图 5-8　外网服务器网页正常显示

（5）登录实验拓扑中技术部左侧的虚拟机 WXPSP3,如图 5-9 所示。

（6）在虚拟机中双击火狐浏览器快捷方式,运行火狐浏览器。

（7）在火狐浏览器地址栏中输入域名 www.eshop.com,可正常访问外网网页,如
图 5-10 所示。

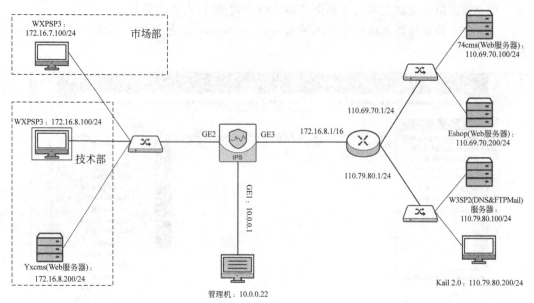

图 5-9　登录技术部左侧的虚拟机 WXPSP3

图 5-10　外网服务器访问正常

（8）在火狐浏览器地址栏中输入域名 www.74cms.com，可见网页正常显示，如图 5-11 所示。

（9）可见，技术部与市场部均可正常访问外网服务器网站页面，满足预期。

2. 技术部网段不能访问 www.74cms.com 的网站，市场部不受影响

（1）在管理机中登录入侵防御系统，选择上方导航栏中的"策略"→"安全策略"菜单命令，如图 5-12 所示。

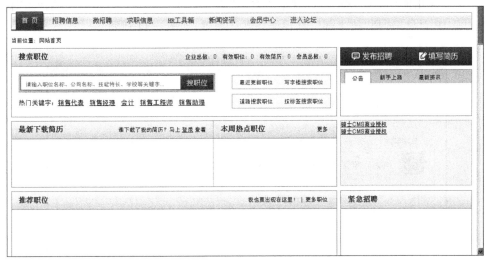

图 5-11　外网服务器网页正常显示

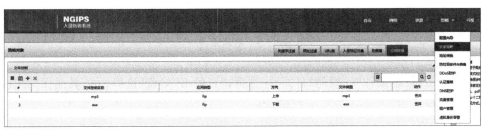

图 5-12　安全策略列表

（2）在"安全策略"界面，单击"安全策略"的"＋"按钮，增加安全策略，如图 5-13
所示。

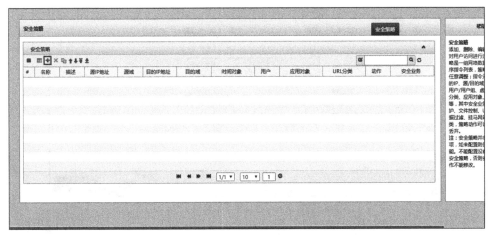

图 5-13　增加安全策略

（3）在弹出的"新建策略"界面，"策略名称"输入 tech，在"策略条件"一栏的"源"标签页中，"源 IP 对象"选择"技术部"，其他保持默认配置，如图 5-14 所示。

图 5-14 编辑策略

（4）单击"策略条件"一栏的"目的"标签页，"目的 IP 对象"选择 any，其他保持默认配置，如图 5-15 所示。

图 5-15 "目的"标签页

（5）单击"策略条件"一栏的"URL 类"标签页，"URL 分类"选择 www，如图 5-16 所示。

图 5-16　"URL 分类"

（6）单击"策略条件"一栏的"动作"标签页，"操作"选择"丢弃"选项，如图 5-17 所示。

图 5-17　"动作"标签页

（7）单击"确定"按钮，返回"安全策略"界面，可见添加的 tech 安全策略，如图 5-18
所示。

图 5-18　安全策略列表

（8）继续单击"安全策略"中的"＋"按钮，在弹出的"新建策略"界面中，"策略名称"输入 market,在"策略条件"一栏的"源"标签页中,"源 IP 对象"选择"市场部",如图 5-19 所示。

图 5-19 单击"安全策略"中的"+"按钮

(9) 单击"策略条件"一栏的"目的"标签页,"目的 IP 对象"选择 any,如图 5-20 所示。

图 5-20 "目的 IP 对象"选择 any

(10) 单击"策略条件"一栏的"URL 分类"标签页,"URL 分类"选择 www,如图 5-21 所示。

图 5-21   "URL 分类"选择 www

（11）单击"策略条件"一栏的"动作"标签磁，"操作"选择"接受"选项，如图 5-22
所示。

图 5-22   "操作"选择"接受"选项

（12）单击"确定"按钮，返回"安全策略"界面，可见添加的两个安全策略对象，如图 5-23
所示。

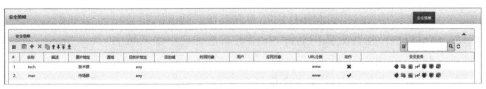

图 5-23   添加的两个安全策略对象

（13）登录实验平台对应实验拓扑中左侧技术部的虚拟机 WXPSP3,如图 5-24 所示。

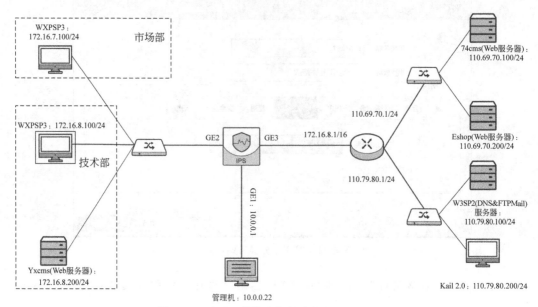

图 5-24　登录左侧技术部的虚拟机 WXPSP3

（14）运行火狐浏览器,在浏览器地址栏中输入域名 www.74cms.com,可见已无法访问该网站页面,如图 5-25 所示。

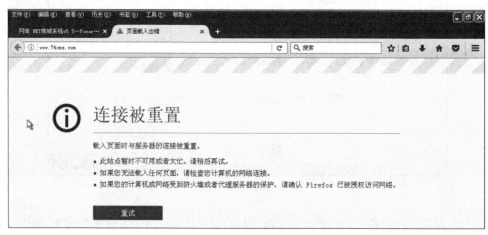

图 5-25　无法访问外网服务器

（15）登录实验平台对应实验拓扑中左上方市场部的虚拟机 WXPSP3,如图 5-26 所示。

（16）在虚拟机中运行火狐浏览器,在浏览器地址栏中输入域名 www.74cms.com,可见网页正常显示,如图 5-27 所示。

（17）在入侵防御系统中设置允许市场部访问 www.74cms.com,不允许技术部访问该域名的安全策略后,市场部访问该域名不受影响,技术部访问该域名无法显示网页,满足预期。

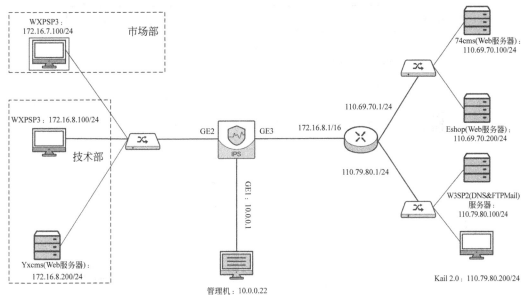

图 5-26 登录左上方市场部的虚拟机 WXPSP3

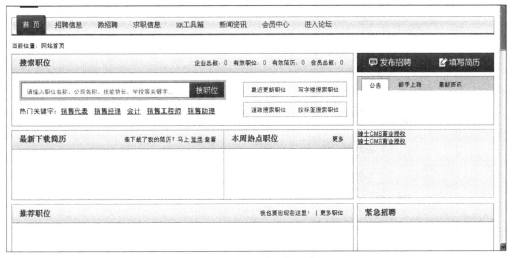

图 5-27 网页正常显示

3. 在指定时间段内,技术部、市场部均不能访问 www.74cms.com 网站

（1）在管理机中登录入侵防御系统,选择上方导航栏中的"策略"→"安全策略"菜单命令,在"安全策略"界面中单击"＋"按钮,在弹出的"新建策略"界面中,"策略名称"输入 working,在"策略条件"一栏中的"源"标签页中,"源 IP 对象"选择 any,如图 5-28 所示。

（2）单击"策略条件"一栏的"目的"标签页,"目的 IP 对象"选择 any,如图 5-29 所示。

（3）单击"策略条件"一栏的"时间对象"标签页,"时间对象"选择 working,如图 5-30 所示。

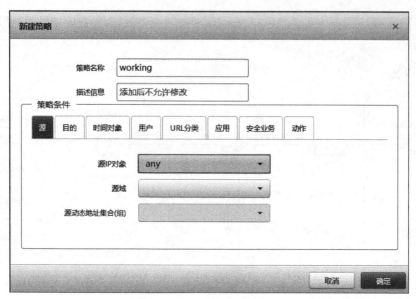

图 5-28 "源"标签页

图 5-29 "目的 IP 对象"选择 any

（4）单击"策略条件"一栏的"URL 分类"标签页，"URL 分类"选择 www，如图 5-31 所示。

（5）单击"策略条件"一栏的"动作"标签页，"操作"选择"丢弃"选项，如图 5-32 所示。

（6）单击"确定"按钮，返回"安全策略"界面，可见添加的 working 策略，如图 5-33 所示。

（7）为使添加的 working 策略优先于其他两条策略，需要将 working 策略上移至第

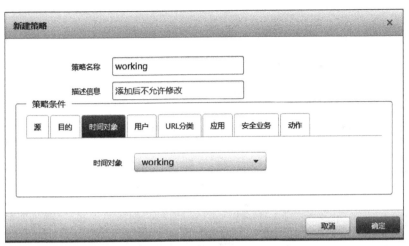

图 5-30　"时间对象"标签页

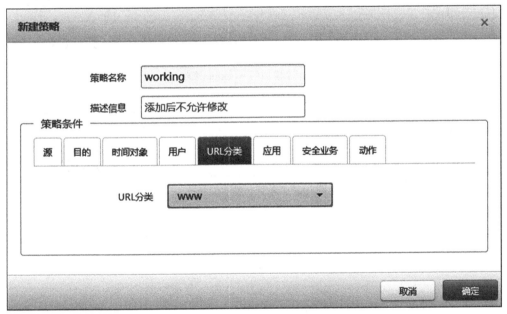

图 5-31　"URL 分类"选择 www

一条策略。单击 working 策略，再单击"↑"按钮，如图 5-34 所示。

（8）单击"↑"按钮，在弹出的提示框中单击"确定"按钮即可，如图 5-35 所示。

（9）单击"确定"按钮，working 策略上移一位，如图 5-36 所示。

（10）再次单击 working 策略和"↑"按钮，将 working 策略上移一次，使该策略成为第一条策略，如图 5-37 所示。

（11）调整安全策略完成后，登录实验平台对应实验拓扑中左上方市场部的虚拟机 WXPSP3，如图 5-38 所示。

图 5-32　"操作"选择"丢弃"选项

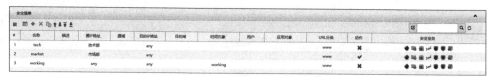

图 5-33　添加的 working 策略

图 5-34　上移 working 策略

图 5-35　单击"确定"按钮

图 5-36　working 策略上移一位

　　(12) 在虚拟机中运行火狐浏览器,在浏览器地址栏中输入 www.74cms.com,可见市场部虚拟机已无法访问该域名网站,如图 5-39 所示。

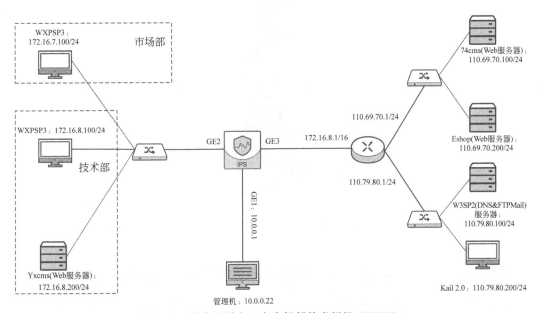

図 5-37　单击 working 策略和"↑"按钮

図 5-38　再次登录左上方市场部的虚拟机 WXPSP3

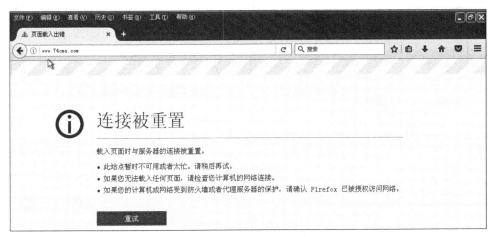

図 5-39　无法访问网站

（13）通过设置与时间操作匹配的安全策略，达到在指定时间段内不能访问指定网站的目的，满足预期。

4. 技术部不能通过 FTP 上传 mp3 类型文件

（1）返回虚拟机桌面，双击 FTPRush 快捷方式，运行 FTP 软件，如图 5-40 所示。

图 5-40　双击 FTPRush 快捷方式

（2）在软件运行界面上的"主机地址"输入外网 FTP 服务器的 IP 地址 110.79.80.100，并按 Enter 键，如图 5-41 所示。

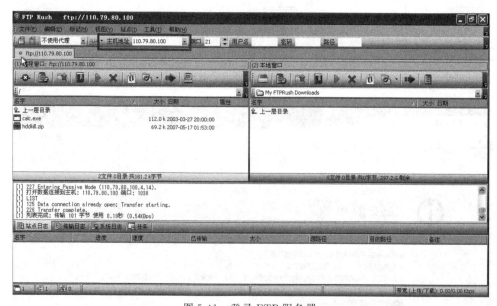

图 5-41　登录 FTP 服务器

（3）在右侧的"本地窗口"一栏中，进入桌面，显示桌面中包含的 mp3 文件信息，如图 5-42 所示。

（4）右击"运动员进行曲.mp3"文件，在弹出的菜单中选择"传输"，如图 5-43 所示。

（5）传输完成后，在界面左侧的"远程窗口"中可见上传的 mp3 文件，如图 5-44 所示。

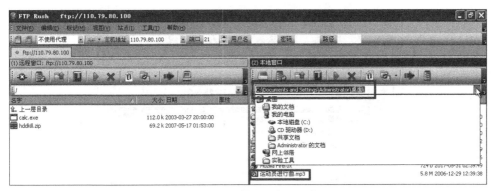

图 5-42　显示本地桌面文件

图 5-43　选择 mp3 文件进行传输

图 5-44　上传文件成功

（6）右击界面左侧"远程窗口"中的 mp3 文件，在弹出的菜单中选择"删除"，将远程 FTP 服务器上的 mp3 文件删除，如图 5-45 所示。

（7）在弹出的确认框中单击"是（Y）"按钮，确认删除，如图 5-46 所示。

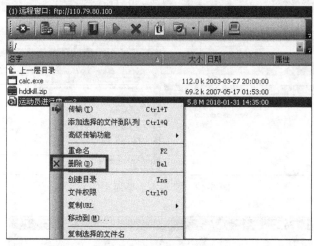

图 5-45　删除远程 FTP 服务器上的 mp3 文件

（8）删除 mp3 文件后，远程 FTP 服务器上已没有 mp3 文件显示，如图 5-47 所示。

图 5-46　确认删除

图 5-47　远程 FTP 服务器文件列表

（9）登录实验平台左侧对应实验拓扑中技术部的虚拟机 WXPSP3，如图 5-48 所示。

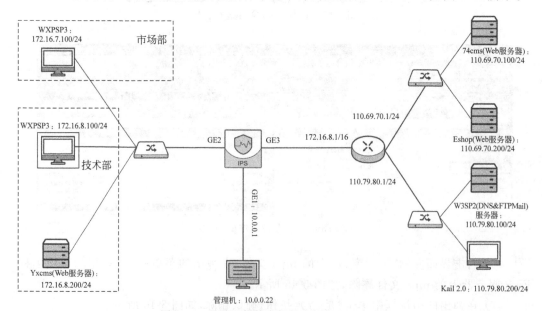

图 5-48　登录左侧技术部的虚拟机 WXPSP3

（10）在虚拟机的桌面中双击 FTPRush 快捷方式，运行 FTP 软件，如图 5-49 所示。

图 5-49　双击 FTPRush 快捷方式

（11）在软件运行界面上的"主机地址"输入外网 FTP 服务器的 IP 地址 110.79.80.
100，并按 Enter 键，如图 5-50 所示。

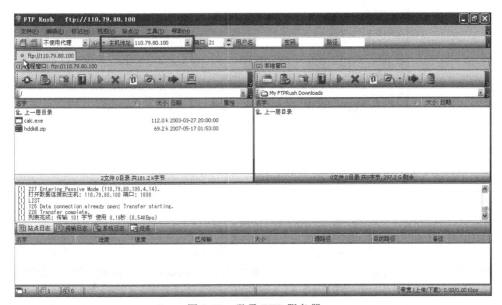

图 5-50　登录 FTP 服务器

（12）在界面右侧的"本地窗口"一栏中，进入桌面，显示桌面中包含的 mp3 文件信
息，如图 5-51 所示。

（13）右击"运动员进行曲.mp3"文件，在弹出的菜单中选择"传输"，如图 5-52 所示。

（14）传输完成后，在界面左侧的"远程窗口"中可见上传的 mp3 文件，如图 5-53 所示。

（15）右击界面左侧"远程窗口"中的 mp3 文件，在弹出的菜单中选择"删除"，将远程
FTP 服务器上的 mp3 文件删除，如图 5-54 所示。

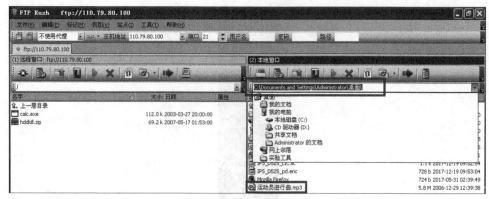

图 5-51　显示本地桌面文件

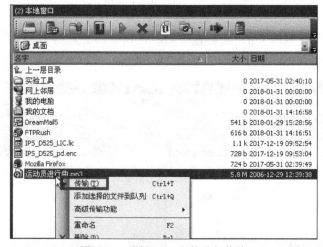

图 5-52　选择 mp3 文件进行传输

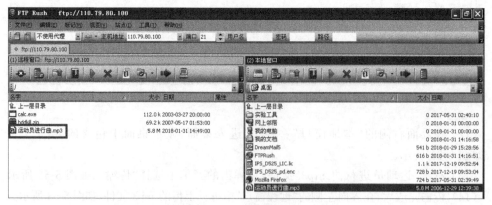

图 5-53　上传文件成功

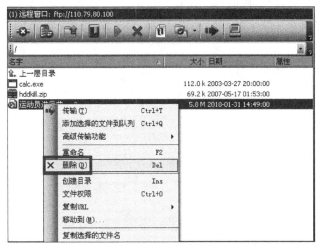

图 5-54　删除远程 FTP 服务器上的 mp3 文件

（16）在弹出的确认框中单击"是（Y）"按钮，确认删除，如图 5-55 所示。

图 5-55　确认删除

（17）删除 mp3 文件后，远程 FTP 服务器上已没有 mp3 文件显示，如图 5-56 所示。

图 5-56　远程 FTP 服务器文件列表

（18）在管理机中登录入侵防御系统，在界面上方导航栏中选择"策略"→"安全策略"菜单命令，显示当前的安全策略列表，如图 5-57 所示。

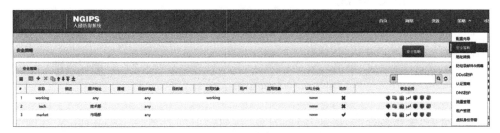

图 5-57　安全策略列表

（19）单击"安全策略"一栏的"＋"按钮，在弹出的"新建策略"界面中，"策略名称"输入 mp3，在"策略条件"一栏中的"源"标签页中，"源 IP 对象"选择"技术部"，如图 5-58 所示。

图 5-58　"源 IP 对象"选择"技术部"

（20）单击"策略条件"一栏的"目的"标签页，"目的 IP 对象"选择 any，如图 5-59 所示。

图 5-59　"目的 IP 对象"选择 any

（21）单击"策略条件"一栏的"时间对象"按钮，"时间对象"选择 working，如图 5-60 所示。

图 5-60 "时间对象"选择 working

（22）单击"策略条件"一栏的"安全业务"标签页，"文件控制"选择 mp3，如图 5-61所示。

图 5-61 "文件控制"选择 mp3

（23）单击"策略条件"一栏的"动作"标签页，"操作"选择"接受"选项，如图 5-62所示。

图 5-62　操作选择"接受"选项

（24）单击"确定"按钮，返回"安全策略"界面，可见添加的 mp3 安全策略，如图 5-63 所示。

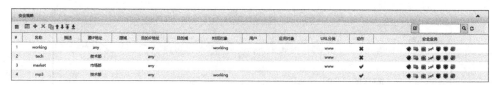

图 5-63　添加的 mp3 安全策略

（25）再次登录实验平台对应实验拓扑中左侧技术部的虚拟机 WXPSP3，如图 5-64 所示。

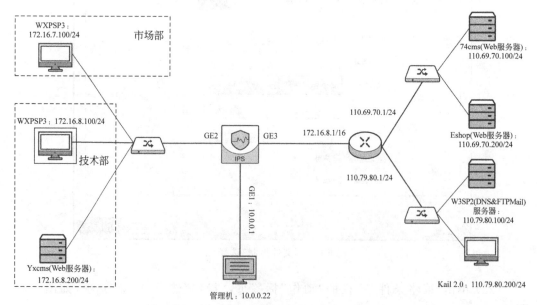

图 5-64　再次登录左侧技术部的虚拟机 WXPSP3

（26）在虚拟机的 FTPRush 软件中，右击右侧"本地窗口"中的 mp3 文件，在弹出的菜单中选择"传输"命令上传该 mp3 文件，如图 5-65 所示。

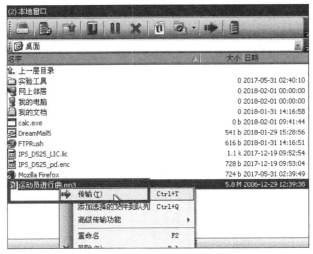

图 5-65 上传 mp3 文件

（27）可见，文件一直处于上传状态中，无法真正上传到 FTP 服务器中，满足预期，如图 5-66 所示。

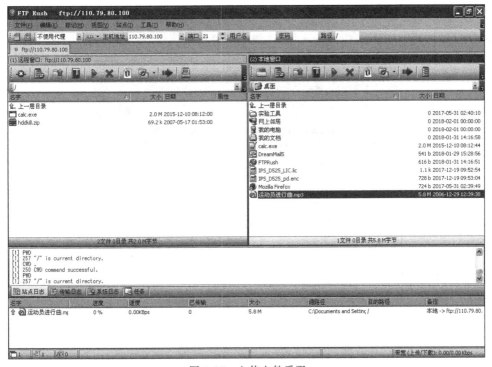

图 5-66 上传文件受阻

5. 不允许通过 FTP 下载 exe 类型文件

（1）登录实验平台对应实验拓扑中左侧市场部的虚拟机 WXPSP3，如图 5-67 所示。

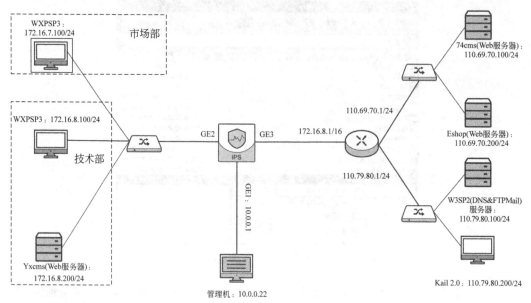

图 5-67　登录左侧市场部的虚拟机 WXPSP3

（2）在市场部虚拟机中运行 FTPRush 软件并连接 FTP 服务器 110.79.80.100，在左侧的"远程窗口"中，右击 calc.exe 文件，在弹出的菜单中选择"传输"，如图 5-68 所示。

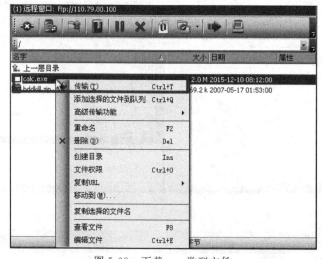

图 5-68　下载 exe 类型文件

（3）传输完成后，在右侧的"本地窗口"中可见下载的 calc.exe 文件，如图 5-69 所示。

（4）在"本地窗口"中右击 calc.exe 文件，删除该文件，如图 5-70 所示。

（5）返回管理机登录入侵防御系统，选择"策略"→"安全策略"菜单命令，在"安全策

图 5-69　下载成功

图 5-70　删除下载的文件

略"列表界面中单击 working 策略一行右侧"安全业务"列中的"文件控制"按钮,如图 5-71 所示。

图 5-71　单击 working 策略右侧的"文件控制"按钮

（6）在弹出的"编辑文件控制"界面,在"策略条件"一栏中,"文件控制"选择 exe,如图 5-72 所示。

（7）单击"确定"按钮,返回"安全策略"界面,可见 working 策略一行中的文件控制按钮已点亮,如图 5-73 所示。

（8）再次登录实验平台对应实验拓扑中左侧市场部的虚拟机 WXPSP3,如图 5-74 所示。

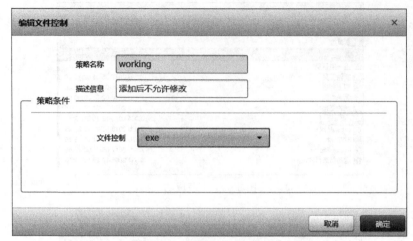

图 5-72 "文件控制"选择 exe

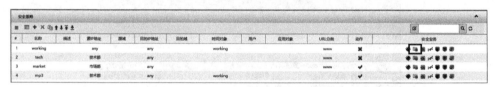

图 5-73 安全策略列表

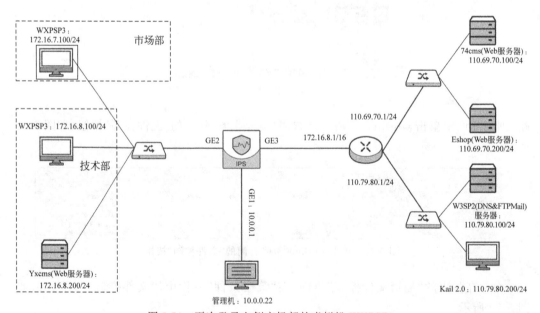

图 5-74 再次登录左侧市场部的虚拟机 WXPSP3

（9）在虚拟机中运行 FTPRush 软件的界面，再次右击 calc.exe 文件，在弹出的菜单中选择"传输"，如图 5-75 所示。

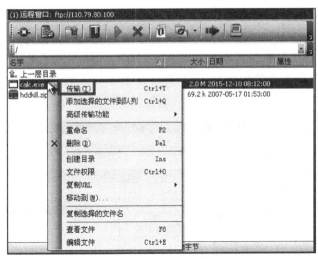

图 5-75 下载 exe 类型文件

（10）此时会一直显示下载进度，并在右侧"本地窗口"中创建了 calc.exe 文件，若文件无法下载完成，则表明该文件下载受阻，如图 5-76 所示。

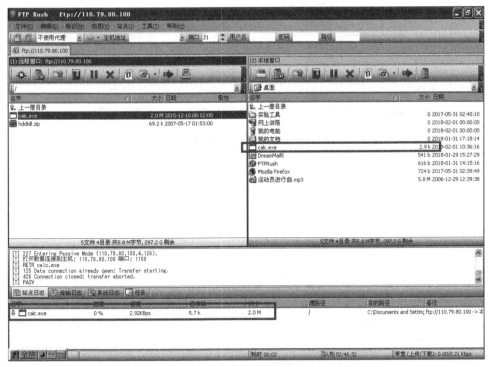

图 5-76 下载文件再次受阻

（11）通过设置安全策略和文件控制，实现对上传和下载文件类型的安全控制，满足预期。

6. 对文件下载进行防病毒防护

（1）由于之前的下载行为触发了入侵防御系统的安全防护行为，因此需要等待 3 分钟左右的时间，FTPRush 软件才可以恢复与 FTP 服务器的正常连接，后续实验步骤中遇到类似情况请等待。继续在 FTPRush 软件界面的左侧"远程窗口"中，右击 hddkill.zip 文件，在弹出的菜单中选择"传输"，下载该文件，如图 5-77 所示。

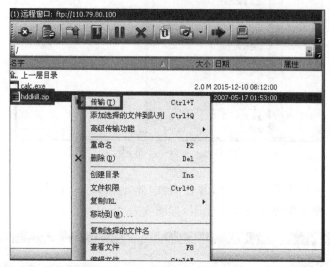

图 5-77　下载携带病毒的文件

（2）传输完成后，右侧的"本地窗口"中可见下载的携带病毒的文件，如图 5-78 所示。

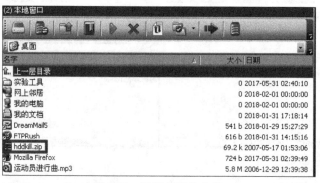

图 5-78　携带病毒的文件

（3）在"本地窗口"中右击下载的携带病毒文件 hddkill.zip，在弹出的菜单中选择"删除"，将该文件删除，如图 5-79 所示。

（4）返回管理机并登录入侵防御系统，选择上方导航栏中的"策略"→"安全策略"菜单命令，在"安全策略"列表界面，单击"＋"按钮新建安全策略，在弹出的"新建策略"界面，"策略名称"输入 virus，在"策略条件"一栏中的"源"标签页，"源 IP 对象"选择 any，如图 5-80 所示。

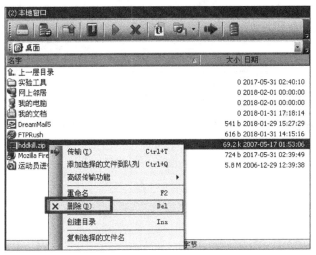

图 5-79　删除携带病毒的文件

图 5-80　再次添加安全策略

（5）在"策略条件"一栏中的"目的"标签页，"目的 IP 对象"选择 any，如图 5-81 所示。

（6）在"策略条件"一栏的"时间对象"标签页，"时间对象"选择 working，如图 5-82 所示。

（7）在"策略条件"一栏的"安全业务"标签页，"防病毒"选择 virus，如图 5-83 所示。

（8）在"策略条件"一栏的"动作"标签页，"操作"选择"接受"选项，如图 5-84 所示。

（9）单击"确定"按钮，返回"安全策略"界面，可见添加的 virus 安全策略，如图 5-85 所示。

（10）继续登录实验平台对应实验拓扑中左侧市场部的虚拟机 WXPSP3，如图 5-86

图 5-81 "目的 IP 对象"选择 any

图 5-82 "时间对象"选择 working

所示。

（11）在虚拟机中运行 FTPRush 软件并连接 FTP 服务器 110.79.80.100，在左侧的"远程窗口"中，右击 hddkill.zip 文件，在弹出的菜单中选择"传输"，如图 5-87 所示。

（12）右侧的"本地窗口"中显示下载了同名文件，但该文件未下载完成，显示处在传输状态中，如图 5-88 所示。

（13）通过配置安全策略和防病毒功能，实现对携带病毒文件的安全防护功能，满足预期。

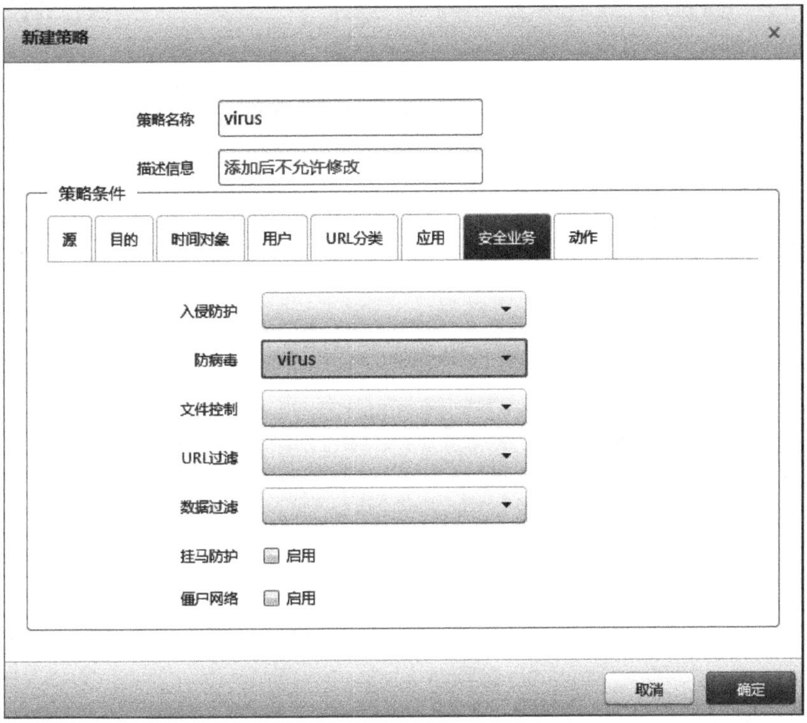

图 5-83　“防病毒”选择 virus

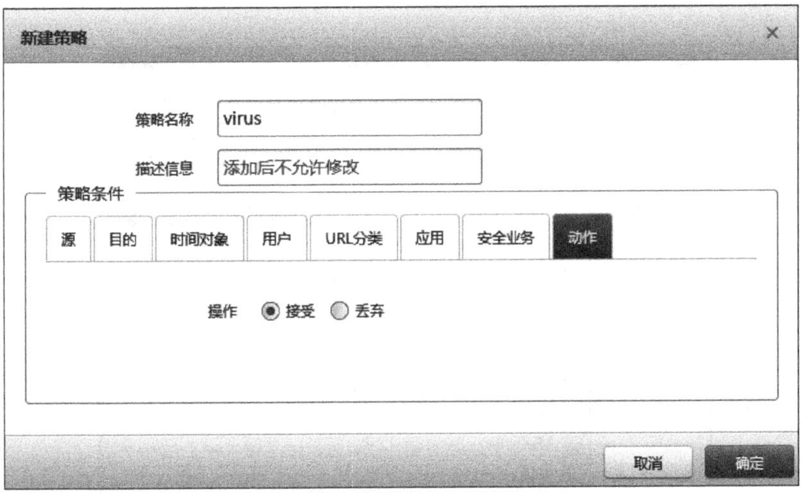

图 5-84　“操作”选择“接受”选项

图 5-85　添加的 virus 安全策略

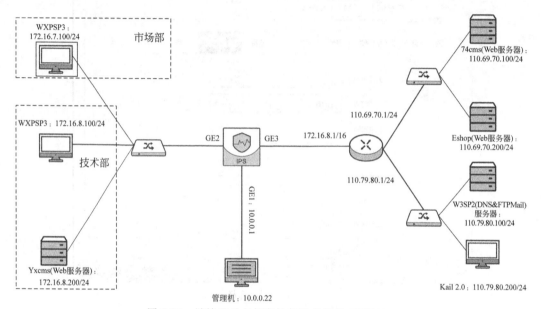

图 5-86　继续登录左侧市场部的虚拟机 WXPSP3

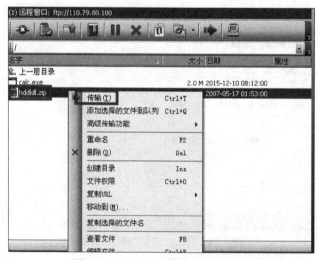

图 5-87　再次下载携带病毒的文件

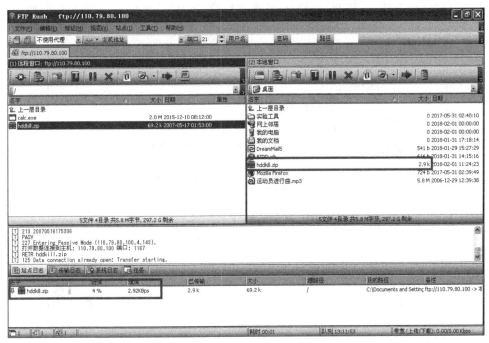

图 5-88 文件再次无法下载完成

7. 指定时间段内技术部、市场部均不能使用 FTP 上传、下载文件

（1）返回管理机并登录入侵防御系统，选择上方导航栏中的"策略"→"安全策略"菜单命令，在"安全策略"列表中单击"＋"按钮，在弹出的"新建策略"界面中，"策略名称"输入 app，在"策略条件"一栏的"源"标签页，"源 IP 对象"选择 any，如图 5-89 所示。

图 5-89 新建安全策略

（2）在"策略条件"一栏的"目的"标签页，"目的 IP 对象"选择 any，如图 5-90 所示。

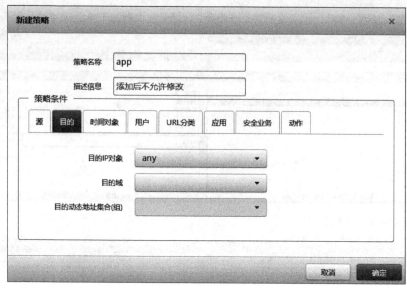

图 5-90　"目的 IP 对象"选择 any

（3）在"策略条件"一栏的"时间对象"标签页，"时间对象"选择 working，如图 5-91 所示。

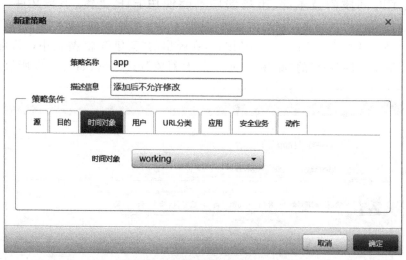

图 5-91　"时间对象"选择 working

（4）在"策略条件"一栏的"应用"标签页，"应用对象"选择 ftp，如图 5-92 所示。

（5）在"策略条件"一栏的"动作"标签页，"操作"选择"丢弃"选项，如图 5-93 所示。

（6）单击"确定"按钮，返回"安全策略"界面，可见添加的 app 安全策略，如图 5-94 所示。

（7）添加的 app 策略与 working 策略同属于粗粒度策略，因此需要将 app 策略上移。

图 5-92　"应用对象"选择 ftp

图 5-93　操作选择"丢弃"选项

图 5-94　添加的 app 安全策略

单击 app 策略，再单击置顶按钮，如图 5-95 所示。

（8）单击"置顶"按钮后，会弹出确认框，单击"确定"按钮即可，如图 5-96 所示。

（9）单击"确定"按钮，返回"安全策略"界面，可见 app 策略已置顶，如图 5-97 所示。

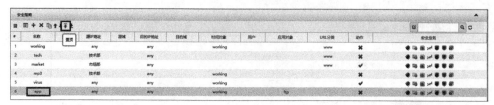

图 5-95　单击 app 策略

图 5-96　单击"确定"按钮

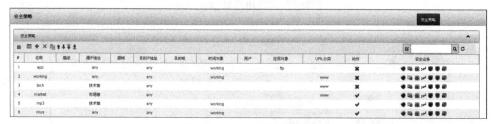

图 5-97　app 策略已置顶

（10）重新登录实验平台对应实验拓扑中左上方市场部的虚拟机 WXPSP3，如图 5-98 所示。

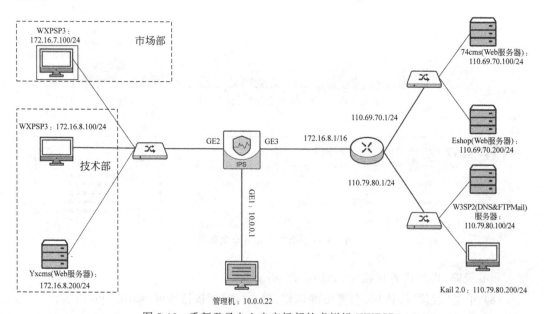

图 5-98　重新登录左上方市场部的虚拟机 WXPSP3

（11）在虚拟机中运行 FTPRush 软件连接 FTP 服务器 110.79.80.100，可见一直无法连接，如图 5-99 所示。

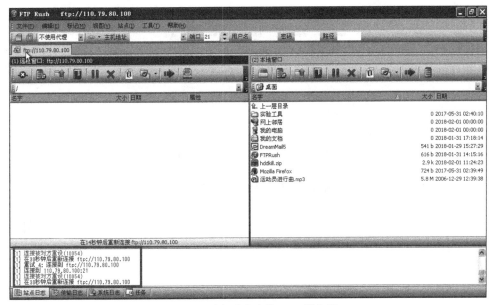

图 5-99 再次无法连接 FTP 服务器

（12）通过配置安全策略和应用管理，实现对应用的安全控制，满足预期。

8. 对包含敏感字段 personid 的页面进行管控

（1）返回管理机并登录入侵防御系统，选择上方导航栏中的"策略"→"安全策略"菜单命令，在"安全策略"界面中，将所有的安全策略均单击一次，使策略变为蓝色选中状态，再单击 ✖ 按钮删除所有安全策略，以便进行后续实验，如图 5-100 所示。

#	名称 ∧	描述	源IP地址	源域	目的IP地址	目的域	时间对象	用户	应用对象	URL分类	动作	安全业务
1	app		any		any		working		ftp		✖	
2	working		any		any		working			www	✖	
3	tech		技术部		any					www	✖	
4	market		市场部		any					www	✔	
5	mp3		技术部		any		working				✖	
6	virus		any		any		working				✔	

图 5-100 选中所有安全策略

（2）单击 ✖ 按钮后，在弹出的确认删除提示框中再单击"确定"按钮，如图 5-101 所示。

图 5-101 删除策略确认提醒

（3）单击"确定"按钮，返回"安全策略"界面，可见所有的安全策略已删除，如图 5-102 所示。

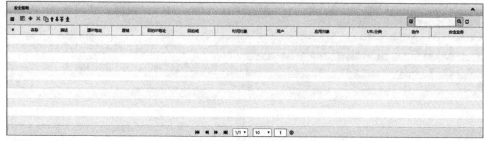

图 5-102　返回"安全策略"界面

（4）登录左上方市场部的虚拟机 WXPSP3，如图 5-103 所示。

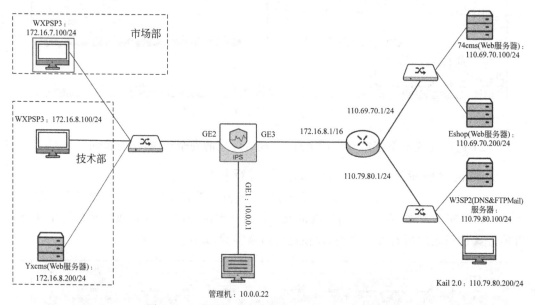

图 5-103　登录左上方市场部的虚拟机 WXPSP3

（5）在虚拟机桌面上双击 Firefox 软件快捷方式，运行火狐浏览器。

（6）在浏览器地址栏中输入 www.74cms.com，网站可正常访问，如图 5-104 所示。

图 5-104　网站可正常访问

（7）在网站首页最下端可见敏感内容 Personid，如图 5-105 所示。

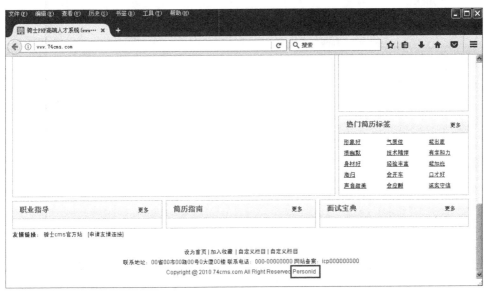

图 5-105 页面中包含敏感内容

（8）返回管理机并登录入侵防御系统，选择上方导航栏中的"策略"→"安全策略"菜单命令，在"安全策略"一栏中单击"＋"按钮，在弹出的"新建策略"界面中，"策略名称"输入 any，在"策略条件"一栏的"源"标签页，"源 IP 对象"选择 any，如图 5-106 所示。

图 5-106 "源 IP 对象"选择 any

（9）在"策略条件"一栏的"目的"标签页，"目的 IP 对象"选择 any，如图 5-107 所示。

图 5-107　"目的 IP 对象"选择 any

（10）在"策略条件"一栏的"安全业务"标签页，"数据过滤"选择 person，启用敏感数据过滤功能，如图 5-108 所示。

图 5-108　数据过滤选择 person

（11）在"策略条件"一栏的"动作"标签页，"操作"选择"接受"选项，如图 5-109 所示。

图 5-109　"操作"选择"接受"选项

（12）单击"确定"按钮，返回"安全策略"界面，可见添加的 any 安全策略，如图 5-110 所示。

图 5-110　添加的 any 安全策略

（13）重新再次登录实验平台对应实验拓扑中左上方市场部的虚拟机 WXPSP3，如图 5-111 所示。

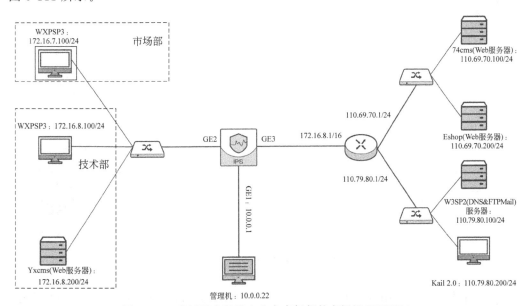

图 5-111　重新再次登录左上方市场部的虚拟机 WXPSP3

（14）在市场部虚拟机中再次运行 Firefox 浏览器，在地址栏中再次输入 www.74cms.com，网站不能正常显示（如果显示部分网页内容，则是浏览器中的网页缓存内容），一直显示正在传输数据，如图 5-112 所示。

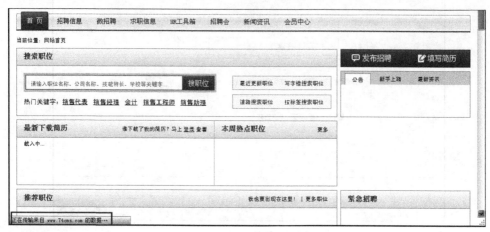

图 5-112　再次访问网站

（15）通过设置安全策略和敏感内容过滤，实现对包含敏感内容的数据进行过滤和阻断，满足预期。

9. 过滤垃圾邮件、含病毒邮件

（1）登录实验平台对应实验拓扑中右上角的虚拟机 74CMS，如图 5-113 所示。

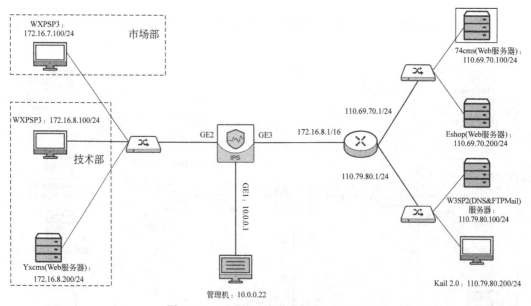

图 5-113　登录右上角的虚拟机 74CMS

（2）在虚拟机桌面中双击 DreamMail5 快捷方式，运行邮件客户端，如图 5-114 所示。

（3）在邮件客户端界面中单击"写新邮件"按钮，编写新邮件，如图 5-115 所示。

（4）在编写邮件界面，"收件人"输入 user，"主题"输入"商品"，"邮件内容"输入任意内容，但要包含"商品"字样，如图 5-116 所示。

图 5-114　运行邮件客户端

图 5-115　编写新邮件

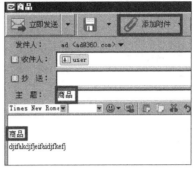
图 5-116　编辑邮件

（5）再单击上方菜单栏中的"添加附件"按钮，在弹出的"打开"界面，选择桌面上的"00BC8E18535C89A5AA6868BDB3558850.9BE6AC99"含病毒文件，单击"打开"按钮，如图 5-117 所示。

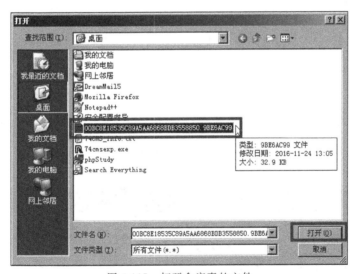
图 5-117　打开含病毒的文件

（6）单击"打开"按钮，返回邮件编写界面，附件已添加，再单击左上角的"立即发送"按钮发送该邮件，如图 5-118 所示。

（7）登录实验平台对应实验拓扑中左上方市场部的虚拟机 WXPSP3，如图 5-119 所示。

（8）在虚拟机中运行 DreamMail 邮件客户端，并单击左上角的"接收发送"按钮，可收取到由 ad@360.com 发送的含病毒和"商品"字样的邮件，如图 5-120 所示。

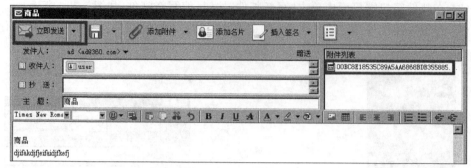

图 5-118　发送邮件

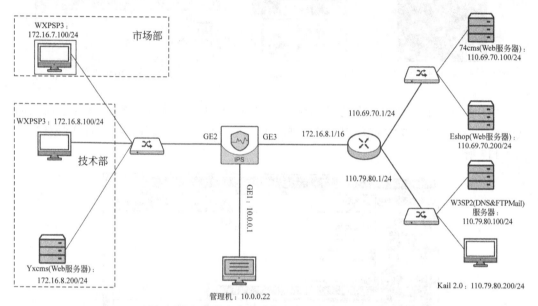

图 5-119　登录左上方市场部的虚拟机 WXPSP3

图 5-120　接收邮件

（9）返回管理机并登录入侵防御系统，在上方导航栏中选择"策略"→"防垃圾邮件 & 病毒"菜单命令，显示相关的配置信息，如图 5-121 所示。

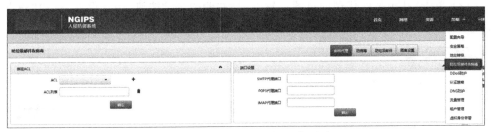

图 5-121　进入防垃圾邮件 & 病毒

(10) 在"绑定 ACL"一栏中,ACL 选择 any,再单击右侧的"+"按钮,将其加入下方的"ACL 列表"中,单击"确定"按钮保存设置,如图 5-122 所示。

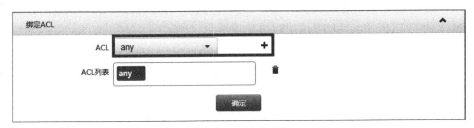

图 5-122　绑定 ACL

(11) 在右侧的"端口设置"一栏中,"SMTP 代理端口"输入 25,"POP3 代理端口"输入 110,单击"确定"按钮保存设置,如图 5-123 所示。

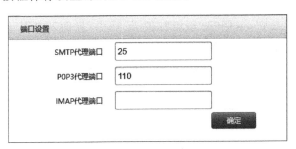

图 5-123　配置端口

(12) 单击"防垃圾邮件 & 病毒"界面中的"防病毒"标签页,在"防病毒过滤设置"一栏中,"过滤动作"选择"隔离",单击"确定"按钮即可,如图 5-124 所示。

图 5-124　防病毒过滤设置

（13）单击"基于邮件代理的过滤设置"一栏右侧的"√"按钮,展开设置,选中"病毒过滤协议"中的全部内容,并单击"确定"按钮保存设置,如图 5-125 所示。

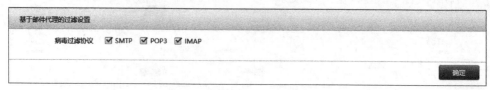

图 5-125　设置邮件代理过滤

（14）单击"基于协议识别的病毒过滤设置"一栏右侧的"√"按钮,展开设置,单击其中的"＋"按钮添加规则,如图 5-126 所示。

（15）在弹出的"基于协议识别的病毒设置"界面中,ACL 选择 any,"选定的过滤策略列表"选择 SMTP、POP3、IMAP,如图 5-127 所示。

图 5-126　添加协议识别规则

图 5-127　配置协议识别规则

（16）单击"确定"按钮,返回"防垃圾邮件 & 病毒"界面,在"基于协议识别的病毒过滤设置"一栏可见添加的规则,如图 5-128 所示。

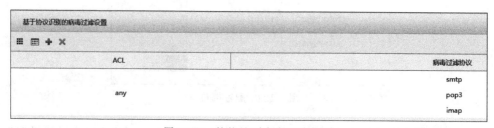

图 5-128　协议识别病毒过滤规则

（17）单击"防垃圾邮件 & 病毒"界面中的"防垃圾邮件"标签页,在"关键字"一栏中单击"＋"按钮添加垃圾邮件关键字,如图 5-129 所示。

（18）在弹出的"关键字"界面,"关键字组"输入 key,"关键字"一栏中的文本框中输入"商品"并单击"添加"按钮,将"商品"添加到"关键字列表"中,如图 5-130 所示。

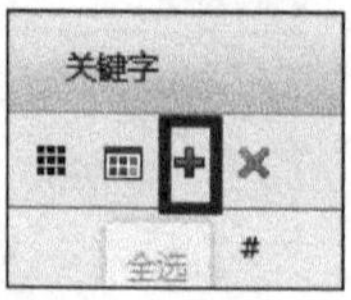

（19）单击 POP3 一栏右侧的"√"按钮,展开设置,单击"POP 过滤"按钮将其设置为 ON,在"邮件监控"一栏中,"按收件人隔离""按发件人隔离"均选择 key,均选中下方的"阻断";在"POP3 垃圾邮件识别"一栏中,

图 5-129　单击"＋"按钮

图 5-130　添加垃圾邮件过滤关键字

"主题关键字""正文关键字"均选择 key,勾选"邮件检查"中的全部内容,"处理动作"选择"阻断"。单击"确定"按钮保存设置,如图 5-131 所示。

图 5-131　配置 POP3 监控设置

(20)在"防垃圾邮件 & 病毒"界面中的"隔离设置"标签页中,"隔离邮件存放位置选择"选中"硬盘",单击"确定"按钮保存设置,其他保持默认选项即可,如图 5-132 所示。

图 5-132　配置隔离设置

（21）登录实验平台对应实验拓扑中右上角的虚拟机74CMS，如图5-133所示。

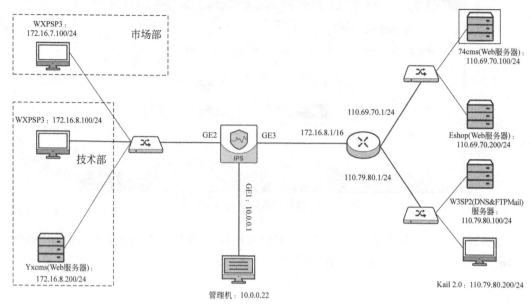

图 5-133　登录右上角的虚拟机 74CMS

（22）在虚拟机中运行DreamMail邮件客户端，在软件界面左侧的"已发邮件"中显示已发送的邮件，单击该邮件，在弹出的菜单中选择"编辑副本（保留原邮件）"，如图5-134所示。

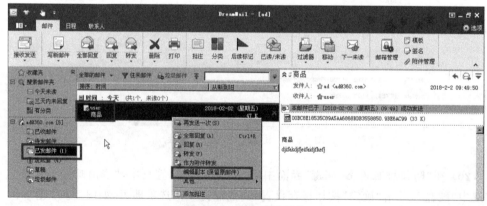

图 5-134　再次编辑邮件

（23）在弹出的邮件编辑界面，随意调整主题和邮件内容，但要包含"商品"字样，单击左上角的"立即发送"按钮发送邮件，如图5-135所示。

（24）重新登录实验平台对应实验拓扑中左上方市场部的虚拟机WXPSP3，如图5-136所示。

（25）在虚拟机中运行DreamMail邮件客户端，并单击左上角的"接收发送"按钮，下方的"收发状态"中显示没有邮件可被接收，如图5-137所示。

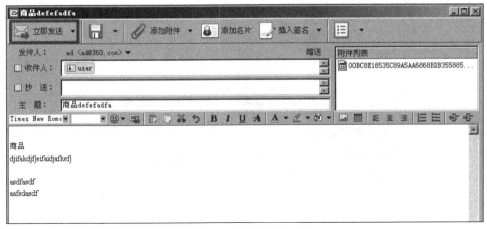

图 5-135　编辑邮件并发送

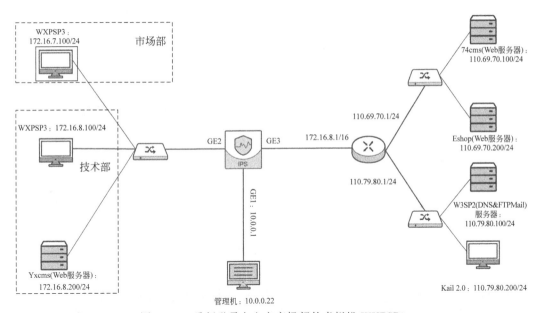

图 5-136　重新登录左上方市场部的虚拟机 WXPSP3

（26）返回管理机并登录入侵防御系统,选择上方导航栏中的"策略"→"防垃圾邮件
& 病毒"→"隔离设置"菜单命令,在下方的"邮件信息"一栏中可见被隔离的含病毒邮件,
如图 5-138 所示。

（27）通过配置防垃圾邮件关键字和病毒配置,实现了对垃圾邮件过滤和病毒安全防
护,满足预期。

10. 对外网用户发起的漏洞扫描进行防护

（1）选择上方导航栏中的"策略"→"安全策略"菜单命令,单击 any 安全策略一栏右
侧"安全业务"中的入侵防护按钮,如图 5-139 所示。

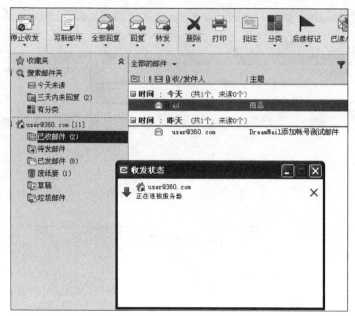

图 5-137　无法接收邮件

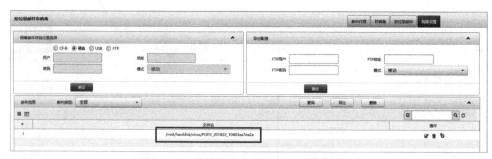

图 5-138　被隔离的含病毒及关键字的邮件

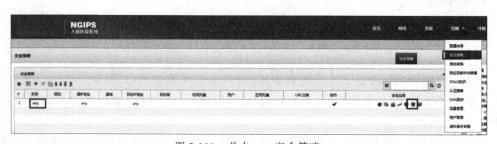

图 5-139　单击 any 安全策略

（2）在弹出的"编辑入侵防护"界面，"入侵防护"选择 ips，如图 5-140 所示。

（3）单击"确定"按钮，返回"安全策略"列表，可见 any 安全策略一行右侧"安全业务"中的入侵防护按钮已点亮，表明策略已生效，如图 5-141 所示。

（4）再次登录实验平台对应实验拓扑右下侧的 Kali 2.0 虚拟机（用户名/密码：

图 5-140 选择 ips

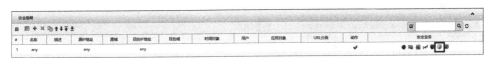

图 5-141 安全策略列表

"root/123456"),如图 5-142 所示。

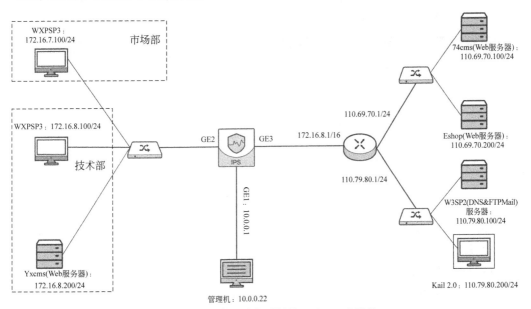

图 5-142 再次登录右下侧的 Kali 2.0 虚拟机

(5)单击虚拟机桌面中左侧工具栏中的冰鼬浏览器快捷方式,运行冰鼬浏览器,如长时间未登录,须输入密码 123456(用户名为 root)登录系统。

（6）在浏览器的地址栏中输入内网服务器的 IP 地址 172.16.8.200，可正常浏览网页信息，表明服务器及网络工作正常，如图 5-143 所示。

图 5-143　访问服务器网页

（7）随意单击首页的某条信息，如图 5-144 所示。

图 5-144　浏览某条信息

（8）在浏览器中显示该信息的具体 URL 信息，可见 URL 信息中包含 ID 的参数传递，可用于 SQL 注入测试，如图 5-145 所示。

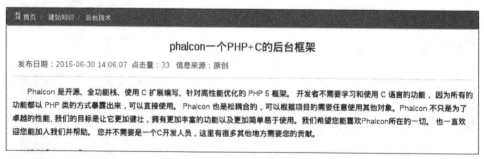

图 5-145　包含参数传递的 URL

（9）返回 Kali 2.0 虚拟机桌面，选择左上角的"应用程序"→"Web 程序"→sqlmap 菜单命令，运行 sqlmap 软件，如图 5-146 所示。

（10）在弹出的命令行界面中输入命令"sqlmap-u 172.16.8.200/index.php? r＝default/column/content&col＝background&id＝2"，如图 5-147 所示。

（11）按 Enter 键，开始 SQL 注入攻击，在攻击过程中会询问是否检测后台的 WAF、IPS、IDS 设备，按 Enter 键默认不检测这些安全设备，如图 5-148 所示。

（12）sqlmap 继续攻击，并显示攻击的一些信息。在本实验中可以使用该网站其他内容的链接地址多次攻击，以便入侵防御系统收集攻击信息，如图 5-149 所示。

图 5-146 再次运行 sqlmap 软件

文件(F) 编辑(E) 查看(V) 搜索(S) 终端(T) 帮助(H)

root@kali:~# sqlmap -u 172.16.8.200/index.php?r=default/column/content&col=background&id=2

图 5-147 运行 SQL 注入命令

```
root@kali:~#                          _
       ___ ___| |_____ ___ ___ {1.0-dev-nongit-zn151017}
      |_ -| . | |     | .'| . |
      |___|_  |_|_|_|_|__,|  _|
          |_|           |_|  http://sqlmap.org

!] legal disclaimer: Usage of sqlmap for attacking targets without prior mutual consent is illegal
liability and are not responsible for any misuse or damage caused by this program

*] starting at 10:14:35

10:14:35] [WARNING] using '/root/.sqlmap/output' as the output directory
10:14:35] [INFO] testing connection to the target URL
10:14:38] [CRITICAL] heuristics detected that the target is protected by some kind of WAF/IPS/IDS
o you want sqlmap to try to detect backend WAF/IPS/IDS? [y/N]
```

图 5-148 不检测安全设备

(13) 返回管理机并登录入侵防御系统,可见已发现 SQL 注入攻击,如图 5-150 所示。

(14) 通过配置安全策略和入侵防护规则,实现对外网攻击内网服务器网站的安全防护,满足预期。

11. 对当前系统进行业务分析

(1) 选择上方导航栏中的"可视"→"业务分析"菜单命令,在"业务分析"界面中,"时间"选择"1 天",可查看入侵防御系统各项信息汇总,具体内容自行查看,如图 5-151 所示。

(2) 入侵防御系统可对流经系统的业务进行监控,并将信息在"业务监控"界面中列出,满足预期。

```
root@kali:~# sqlmap -u 172.16.8.200/index.php?r=default/column/content&col=background&id=2
[1] 1442
[2] 1443
root@kali:~#
                        ___
        ___  _|__  ___  ___  _|  {1.0-dev-nongit-20151212}
       |___||  ||  |___||  ||  |
       |___| |_||_||___||_||_||
       |_|           |_|   http://sqlmap.org

[!] legal disclaimer: Usage of sqlmap for attacking targets without prior mutual consent is illegal.
liability and are not responsible for any misuse or damage caused by this program

[*] starting at 10:14:35

[10:14:35] [WARNING] using '/root/.sqlmap/output' as the output directory
[10:14:35] [INFO] testing connection to the target URL
[10:14:38] [CRITICAL] heuristics detected that the target is protected by some kind of WAF/IPS/IDS
do you want sqlmap to try to detect backend WAF/IPS/IDS? [y/N]

[1]+ 已停止                sqlmap -u 172.16.8.200/index.php?r=default/column/content
[2]  已完成                col=background
```

图 5-149　SQL 注入攻击状态信息

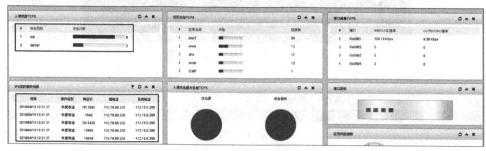

图 5-150　入侵防御信息提示

图 5-151　业务分析

12. 对当前系统进行流量分析

（1）选择上方导航栏中的"可视"→"流量监控"菜单命令，可查看当前的网络流量信息，选择其中的"应用统计"可见多种数据分析，具体内容自行查看，如图 5-152 所示。

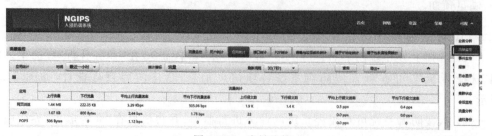

图 5-152　流量监控

（2）入侵防御系统可对流经的数据进行监控，并将信息在"流量监控"界面中列出，满足预期。

13. 对当前系统进行事件监控

（1）选择上方导航栏中的"可视"→"事件监控"菜单命令，可查看入侵防御系统的安全事件，具体内容自行查看，如图 5-153 所示。

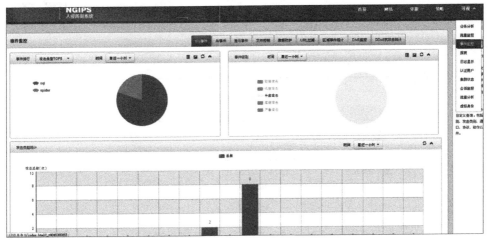

图 5-153　事件监控

（2）入侵防御系统可对收集到的事件进行监控，并将信息在"事件监控"界面中列出，满足预期。

14. 生成当日报表并导出报表

（1）选择上方导航栏中的"可视"→"报表"菜单命令，在"报表条件"一栏中选中所有选项，"报表类型"选择"生成日报"，"报表文件类型"选中 PDF，单击"生成报表"按钮，如图 5-154 所示。

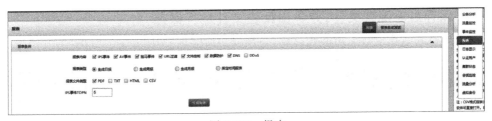

图 5-154　报表

（2）单击"生成报表"按钮后，下方的"报表生成历史记录"中显示生成的报表文件，如图 5-155 所示。

（3）报表生成后，单击该报表文件"动作"列中的放大镜按钮，可查看报表文件内容，具体内容自行查看，如图 5-156 所示。

（4）系统可生成报表文件，并可导出和查看报表，满足预期。

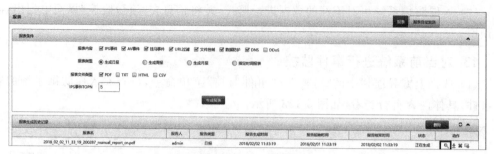

图 5-155 生成报表

报表信息	
报告类型	日报表
报告人	admin
报告生成时间	2018/02/02 11:33:19
统计起始时间	2018/02/01 11:33:19
统计截止时间	2018/02/02 11:33:19

系统信息	
设备名称	SecIPS3600
设备类型	SecIPS3600
软件版本	V500H010P003D032B18-HR
软件SN号	SSOS196935
IPS特征库版本	1.0.2.8
AV特征库版本	1.0.0.50
挂马特征库版本	1.0.0.10
运行时间	2d:2h:30m:28s[181828 seconds]

图 5-156 报表内容

15. 保存当前配置文件,并导出配置文件进行保存

（1）单击导航栏中右上角的磁盘按钮,保存当前配置,如图 5-157 所示。

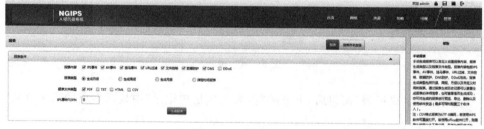

图 5-157 保存配置

（2）单击磁盘按钮后,会弹出"配置保存成功"的界面,如图 5-158 所示。

（3）选择导航栏中的"管理"→"配置文件"菜单命令,在"配置文件"界面,单击下方的

图 5-158　配置保存成功

"导出当前配置"按钮,将当前的配置文件导出并保存,如图 5-159 所示。

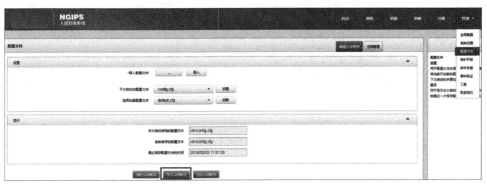

图 5-159　导出当前的配置文件

(4) 单击"导出当前配置"按钮后,默认生成文件名为 ExportConf.cfg 的文件,可自行重命名文件,之后选择文件保存位置即可。

(5) 通过可视管理,查看入侵防御系统的运行状态,并可通过生成报表进行汇总。配置完成后,保留当前配置,可用于出现问题时的恢复操作,满足实验预期。

【实验思考】

(1) 安全策略的执行顺序是否会影响安全策略执行的效果?

(2) 本实验中是否存在冗余安全策略?

图书资源支持

感谢您一直以来对清华版图书的支持和爱护。为了配合本书的使用，本书提供配套的资源，有需求的读者请扫描下方的"书圈"微信公众号二维码，在图书专区下载，也可以拨打电话或发送电子邮件咨询。

如果您在使用本书的过程中遇到了什么问题，或者有相关图书出版计划，也请您发邮件告诉我们，以便我们更好地为您服务。

我们的联系方式：

地　　址：北京市海淀区双清路学研大厦 A 座 701

邮　　编：100084

电　　话：010-83470236　010-83470237

资源下载：http://www.tup.com.cn

客服邮箱：2301891038@qq.com

QQ：2301891038（请写明您的单位和姓名）

用微信扫一扫右边的二维码，即可关注清华大学出版社公众号"书圈"。

资源下载、样书申请

书　圈

扫一扫，获取最新目录

课　程　直　播